无人作战飞机自主空战技术

主编 丁达理

国防工业出版社

·北京·

内 容 简 介

本书系统地阐述了无人作战飞机自主空战技术的应用背景、空战几何关系及 UCAV 平台模型构建、典型空空导弹可发射区建模、基于 BO-Bi-LSTM 的目标多步轨迹预测、基于典型战术机动动作的机动轨迹规划方法、中远距自主空战机动占位决策以及基于深度强化学习的离线机动决策学习方法等内容。

本书可供武器系统与运用工程、无人飞行器作战系统与技术及相关专业本科高年级学生和研究生学习参考，同时也适合从事无人飞行器设计、无人作战飞机战术战法研究等方面的人员参考。

图书在版编目（CIP）数据

无人作战飞机自主空战技术 / 丁达理主编. -- 北京：国防工业出版社, 2024.10. -- ISBN 978-7-118-13355-4

Ⅰ. E844

中国国家版本馆 CIP 数据核字第 2024XM2418 号

※

国防工业出版社 出版发行
（北京市海淀区紫竹院南路 23 号　邮政编码 100048）
北京富博印刷有限公司印刷
新华书店经销

*

开本 787×1092　1/16　印张 8¾　字数 188 千字
2024 年 10 月第 1 版第 1 次印刷　印数 1—2000 册　定价 78.00 元

（本书如有印装错误，我社负责调换）

国防书店：(010) 88540777　　　书店传真：(010) 88540776
发行业务：(010) 88540717　　　发行传真：(010) 88540762

本书编委会

主　　　编　丁达理

副 主 编　谭目来　王　杰　丁　维

编写组成员　宋　婷　袁　源　孙　冲　任　波
　　　　　　　唐上钦　周　欢　王　渊　曹　胜
　　　　　　　韩　统　程　华　王　勇　峇　科
　　　　　　　国海峰　魏政磊　董康生　轩永波
　　　　　　　肖　红　李　菁　史文卿　袁欢欢

前　言

目前无人作战飞机（Unmanned Combat Aerial Vehicles，UCAV）采用的"操控员远程操控"作战模式主要应用于弱对抗作战条件下对地面静止/低速目标的打击，作战窗口时间较长，具有信息传输通道易受干扰和作战时间上的延迟、大量信息汇集到控制中心使得操控员负担繁重、操控员固有生理因素限制等明显局限性。而 UCAV 制空作战面临严峻的强对抗作战环境，目标具有高速/高超声速、大机动、低可探测性等特点，UCAV 机动攻击过程具有不确定性强、高动态性、多约束、实时性要求高等特点，攻击时间窗口极短，战机稍纵即逝，使得自主作战成为解决 UCAV 空战所面临关键难题的必然技术途径。因此，各军事强国纷纷加强无人作战飞机的研制，并极力发展和验证自主空战关键技术。

UCAV 是集探测、识别、跟踪、决策和作战等功能为一体的先进武器系统。它的使用将使未来的空中作战真正成为信息和武器融合的对抗。可以说，UCAV 必将成为未来空军的有力作战力量，并将对未来的空战理念和作战模式产生重大影响。2016 年，由美国某知名科研院所自主开发的智能程序 ALPHA 在空战模拟训练系统中完胜了美国知名飞行员 Gene Lee，表明美国在无人作战飞机自主空战技术上已走在世界前列。因此，展开无人作战飞机自主空战技术研究对于提高无人作战决策与轨迹优化的自动化和智能化程度具有显著意义，对于夯实无人作战的理论基础具有很好的理论和技术支持价值。

空战是歼击航空兵为夺取制空权进行的空对空对抗行动，包括信息、机动和火力的对抗，主要有超视距空中截击和近距空中格斗两种。无人作战飞机自主空战可以定义为制空型无人作战飞机的"人工智能飞行员"在地面指挥所、空中预警/有人指挥机的指挥下，在各种支援保障和信息技术的支撑下，在地面/空中指挥所指挥员、空中编队指挥员的指挥与协同下，进行的以信息、机动和火力全过程为决策内容的贯穿整个空战过程的有关战斗行动方法的决策活动。其实质是在支援保障和信息技术支撑，以及指挥员的指挥与协同下，认识、判断和把握空战态势的变化并选择合理、优化的战术对策。可见，无人作战飞机自主空战是一个多约束、非线性、高动态、实时性要求高的科学问题，是多学科交叉、综合性很强的新兴学术领域，特别是考虑隐身特性、不确定因素、高真实度作战等复杂条件下的自主空战技术具有较高的前瞻性和挑战性。本书系统地阐述和分析了无人作战飞机自主空战技术的应用背景、空战几何关系及 UCAV 平台模型构建、典型空空导弹可发射区建模、基于 BO-Bi-LSTM 的目标多步轨迹预测、基于典型战术机动动作的机动轨迹规划方法、中远距自主空战机动占位决策以及基于深度强化学习的离线机动决策学习方法等内容，对无人作战飞机自主空战关键技术进行了系统而深入的总结、提炼和升华。

本书由空军工程大学丁达理担任主编，谭目来、王杰、丁维担任副主编，宋婷、袁源、孙冲、任波、唐上钦、周欢、王渊、曹胜、韩统、程华、王勇、呇科、国海峰、魏政磊、董康生、轩永波、肖红、李菁、史文卿、袁欢欢等同志参加了全文的撰写和修改。在这里，对为本书付出辛勤劳动的同志们致以衷心的感谢。向本书引用的参考文献的各位作者表示诚挚的谢意，感谢他们的劳动丰富了本书的内容。

尽管作者在本书的写作过程中投入了大量的时间和精力，但由于作者水平有限，书中错误和不妥之处在所难免，敬请同行专家和广大读者予以指正。

作者

2024 年 8 月

目 录

第1章 无人作战飞机自主空战技术综述 ························· 1
1.1 无人作战飞机自主空战的应用背景和需求性分析 ············· 1
1.2 无人作战飞机自主空战方法综述 ························· 5
1.2.1 轨迹预测方法研究现状 ····························· 5
1.2.2 近距空战机动决策方法研究现状 ····················· 7
1.2.3 中远距空战机动决策方法研究现状 ··················· 9
1.3 相关问题与重要理论 ·································· 10
1.3.1 空空导弹可发射区解算问题 ························ 10
1.3.2 空战试探机动决策问题 ···························· 10
1.3.3 深度强化学习 ···································· 11

第2章 空战几何关系及UCAV平台模型构建 ····················· 14
2.1 空战几何关系分析 ···································· 14
2.1.1 航向夹角、方位角和距离 ·························· 14
2.1.2 基于空战几何关系的态势分析 ······················ 14
2.1.3 攻击几何学 ······································ 16
2.2 无人作战飞机模型及参数拟合 ·························· 17
2.2.1 无人作战飞机平台模型 ···························· 17
2.2.2 升力模型与阻力模型 ······························ 18
2.2.3 推力模型 ·· 23
2.2.4 飞行包线及约束 ·································· 25
2.3 本章小结 ·· 27

第3章 典型空空导弹可发射区建模 ···························· 28
3.1 导弹可发射问题的解算原理 ···························· 28
3.2 基于追逃对抗策略的目标机动预估系统构建 ·············· 29
3.2.1 目标机平台质点模型 ······························ 29
3.2.2 目标机动库构建 ·································· 30
3.2.3 逃逸机动评价函数设计 ···························· 30
3.2.4 基于统计学原理的逃逸机动决策方法 ················ 32
3.3 多约束条件下空空导弹运动动力学建模 ·················· 34
3.3.1 空空导弹运动动力学模型 ·························· 34
3.3.2 导弹导引控制模型 ································ 34
3.3.3 导弹性能约束条件分析 ···························· 35

3.4 基于黄金分割搜索算法的可发射边界求解策略 ································ 36
   3.4.1 黄金分割策略的解算原理 ·· 36
   3.4.2 黄金分割策略的简要改进办法 ·· 36
3.5 模型验证与仿真分析 ··· 39
3.6 本章小结 ··· 45

第 4 章 基于 BO-Bi-LSTM 的目标多步轨迹预测 ······································ 46
4.1 在线滚动预测理论 ·· 46
   4.1.1 KNNImputer 算法用于缺失数据填充 ·· 46
   4.1.2 在线滚动递归预测 ··· 46
   4.1.3 dropout 层 ·· 47
4.2 BO-Bi-LSTM 多步轨迹预测 ·· 48
   4.2.1 LSTM 及 Bi-LSTM 网络 ·· 48
   4.2.2 贝叶斯自动优化网络超参数 ··· 49
   4.2.3 滑动窗口长度确定 ·· 52
4.3 仿真实验与分析 ·· 53
   4.3.1 第一段轨迹 ·· 53
   4.3.2 第二段轨迹 ·· 55
   4.3.3 网络超参数优化结果 ·· 57
4.4 本章小结 ··· 58

第 5 章 基于典型战术机动动作的机动轨迹规划方法 ······························· 59
5.1 UCAV 试探机动决策系统的构建原理 ··· 59
5.2 UCAV 试探机动决策系统的构建 ··· 61
   5.2.1 多约束条件下 UCAV 运动动力学建模 ·· 61
   5.2.2 UCAV 试探机动控制量优化设计 ·· 63
5.3 空战机动决策评价函数构建 ··· 64
   5.3.1 空战过程中的相对位置关系表述 ·· 64
   5.3.2 角度决策因子评价函数 ·· 66
   5.3.3 距离决策因子评价函数 ·· 66
   5.3.4 能量决策因子评价函数 ·· 66
   5.3.5 机动决策整体评价函数 ·· 68
5.4 基于导弹攻击状态评估的权重因子分级模型 ··· 68
5.5 模型验证与仿真分析 ·· 70
   5.5.1 仿真1：包含决策过程的智能体 UCAV 对抗非智能体目标 ············ 71
   5.5.2 仿真2：含评估过程的智能体 UCAV 对抗不含评估过程的智能体目标 ··· 77
5.6 本章小结 ··· 82

第 6 章 中远距自主空战机动占位决策 ·· 83
6.1 多普勒雷达探测原理 ·· 84
   6.1.1 最小可检测信号 ·· 84
   6.1.2 检测概率 ··· 84

6.2 中远距雷达探测区及盲区建模·················85
6.2.1 相控阵雷达探测远边界建模·················85
6.2.2 多普勒雷达探测盲区建模·················87
6.2.3 辐射方向图仿真·················88
6.2.4 相控阵雷达探测距离仿真·················88
6.2.5 雷达盲区仿真·················91
6.3 基于多普勒盲区的中远距机动决策·················93
6.3.1 决策模式·················93
6.3.2 战术优势适应度函数·················94
6.3.3 态势权值·················96
6.4 仿真实验与分析·················97
6.4.1 仿真条件设置·················97
6.4.2 使用 MPC 框架下的中远距机动决策·················97
6.4.3 不使用 MPC 框架下的中远距机动决策·················100
6.4.4 对比总结·················105
6.5 本章小结·················106

第7章 基于深度强化学习的离线机动决策学习方法·················107
7.1 空战机动决策设计·················107
7.1.1 总体思路·················107
7.1.2 状态转移更新机制设计·················107
7.1.3 奖励函数设计·················108
7.2 LSTM-PPO 算法·················110
7.2.1 深度强化学习·················110
7.2.2 PPO 算法·················110
7.2.3 OU 随机噪声·················111
7.2.4 LSTM-PPO 算法设计·················112
7.3 仿真实验·················113
7.3.1 实验数据处理·················113
7.3.2 实验设计·················114
7.3.3 仿真结果分析·················115
7.3.4 算法对比分析·················119
7.4 本章小结·················119

参考文献·················121

第 1 章　无人作战飞机自主空战技术综述

1.1　无人作战飞机自主空战的应用背景和需求性分析

无人作战飞机（Unmanned Combat Aerial Vehicle, UCAV）是一种无须飞行员驾驶，利用无线遥控设备或者自主控制装置飞行的配有武器装备的无人机[1]，可执行信息传递、情报搜集、电子对抗等战场信息支援任务，兼具对地、对海、对空攻击能力[2]。相较于有人驾驶的战斗机，无人机具有造价低廉、维护保障成本低、零人员伤亡的优点，因而在当今世界的各类军事行动中得以广泛应用[3]。

国外对于无人作战飞机的研究起步较早，其中美国是世界上较早研究无人作战飞机的国家[4]。早在 20 世纪的海湾战争中，美军便开始使用 UCAV 对部队作战提供信息支援。在 2001 年的阿富汗战争中，美军第一次使用"捕食者"无人机携带空地导弹执行了对地打击的任务。2004 年 4 月，一架 X-45A 型无人作战飞机自主投掷了一枚 GPS 制导炸弹，并成功击中目标。2005 年 7 月，两架 X-45A 无人机协同对多个目标实施打击，包括仿真武器投放和战场毁伤评估。2011 年 2 月 4 日，美国诺斯罗普·格鲁曼公司为美国海军研制的世界上首架陆基和航空母舰都能使用的无人驾驶侦察攻击机 X-47B 在加利福尼亚州沙漠地带的爱德华兹空军基地首飞成功。2012 年 7 月 29 日，美国海军为验证 X-47B 无人机与航空母舰飞行程序和起飞/回收设备之间的兼容性，在帕图森河海军航空站成功进行试飞，X-47B 一改过去无人机需要地面人员遥控的历史，是第一架完全由计算机控制的飞机，只需要预先输入程序，X-47B 就可以自行完成起飞、打击目标、返回和降落等一系列动作。2018 年 9 月，美军首次公布了在内华达州克里奇空军基地进行的无人机空对空击杀测试，美国所研制的 MQ-9 "收割者"无人机在测试中发射一枚红外制导的空空导弹直接命中了一架机动中的靶机[5]。同年，美国发布最新的空战型无人机 XQ-58A "女武神"无人机。图 1.1 为美军近 20 年研制的几款具有代表性的无人作战飞机。

(a) "捕食者"

(b) "X-45A"

(c) "X-47B"

(d) "MQ-9"

(e) XQ-58A "女武神"

图1.1　美国无人作战飞机

除美国外，英、法、俄等诸多军事强国也在近 10 年加大力度研发并测试新型 UCAV。英国于 2014 年初完成了"雷神"隐身 UCAV 的首飞；法国于 2012 年底完成了其国内自主研发的"神经元" UCAV 的首飞，并于 2018 年 12 月完成了"神经元" UCAV 与有人战斗机的空中对抗；俄罗斯于 2019 年 8 月实现了 S-70 "猎人"隐身 UCAV 的首飞。英、法、俄研制的三款 UCAV 如图 1.2 所示。

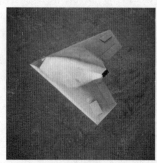
(a) "雷神"

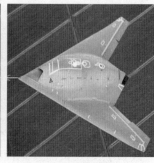
(b) "神经元"

(c) "猎人"

图1.2　英法俄 UCAV

我国无人机的研制起步较晚，但在近几年也取得了很大的进步。除了耳熟能详的"翼龙"系列、"彩虹"系列、"飞鸿"系列外，作为国内首架无人隐身攻击机"攻击 11"于 2019 年国庆阅兵正式亮相。"攻击 11"是世界上第一款实用飞翼隐身无人机，在现役的所有战斗机中其隐身性能最好。此外，由中国航天科工集团有限公司研制的"WJ-700"大型察打一体无人机于 2021 年 11 月完成首飞。该款无人机的首飞成功标志着中国高空高速长航时无人机的发展迈向了新的高度。图 1.3 为近两年我国研制的高性能 UCAV。

近几年，无人作战飞机在战场上的应用越来越频繁。在 2020 年亚美尼亚和阿塞拜疆的战争中，双方大量使用了 UCAV，其中亚美尼亚主要使用其国产的自杀式无人机对重点目标进行自杀式攻击，阿塞拜疆主要使用土耳其产的"旗手"-TB2 (Bayraktar TB2) 察打一体无人机[6]（图 1.4）对敌方的坦克集群和防空阵地进行毁灭性打击，这让世界看到了 UCAV 的战争潜力。在 2022 年俄罗斯与乌克兰的战

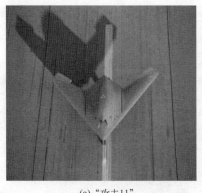
(a) "攻击11"

(b) "WJ-700"

图 1.3 我国研制的高性能 UCAV

争中,俄罗斯率先对乌克兰重点军事目标进行了远程军事打击,主要目的是瘫痪乌克兰的防空系统,由于乌军没有先进的侦察预警和导弹拦截装备,因此在第一时间,其指挥所、机场等重要军事目标被摧毁和瘫痪,但是乌克兰利用其便携式防空导弹以及"旗手"-TB2 无人机与俄罗斯展开了制空权的激烈争斗,并给俄军带来了不小的损失[7]。经过这两次近期发生的战争,可以发现无人作战已经成为重要的作战方式,并且在不久的将来更可能成为主要的作战方式。因此,研究无人作战飞机刻不容缓。

图 1.4 "旗手"-TB2 无人机

随着人工智能技术的不断发展以及 UCAV 自主化、智能化水平的不断提高,在无人机作战应用领域,具备自主空战能力的 UCAV 已经是无人机装备未来发展的方向,美国在此方向上做出了巨大的努力。2016 年,由美国某知名科研院所自主开发的智能程序 ALPHA 在空战模拟训练系统中完胜了美国知名飞行员 Gene Lee。图 1.5 中,由 ALPHA 控制数架无任何信息支援且武器性能占据劣势的红方战机,完成了对由 Gene Lee 指挥的数架信息支援完备且武器性能占据绝对优势的蓝方战机的防御任务。此次对抗中 ALPHA 的优越表现标志着无人自主空战已进入了全新的发展阶段。

2018 年 8 月 30 日,美国国防部发布《2017—2042 财年无人系统综合路线图》[8]。

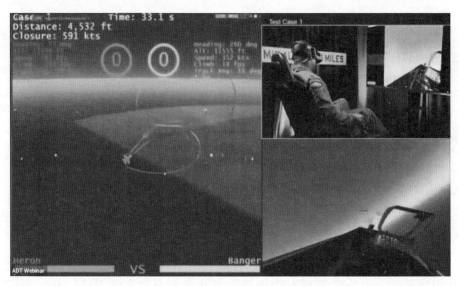

图 1.5　ALPHA 与 Gene Lee 对抗场景

如图 1.6 所示，路线图中首次明确了人工智能算法在无人系统发展中占据优先发展地位。2020 年，在由美国科研部门举办的"阿尔法狗斗"对抗中，"AI 飞行员"与经验丰富的 F-16 飞行员展开了搏斗，最终在五次对战中"AI 飞行员"均取得了空战的胜利。值得一提的是，在第五次对抗过程中，F-16 飞行员突然改变作战策略，采用大过载机动试图摆脱敌机，但是由于一直不能占据态势优势，所以最终"AI 飞行员"取得空战胜利。

		2017年 近期	2029年 中期	2042年 远期
自主性	人工智能/机器学习	私营部门合作 云技术	增强现实技术 虚拟现实	高度自主 持续感知
	高效能	提高安全性 和效率	无人任务、操作 领导者 跟随者	蜂群
	可信度		任务指导和验证，人类决策的伦理要求	
	武器化	国防部战略共识 自主致命武器系统评估		武装僚机/队友 （人类决策参与）

图 1.6　美国发布的《2017—2042 财年无人系统综合路线图》

我国十分重视 UCAV 自主空战的发展，2021 年中国空军举办了第二届"无人争锋"智能无人机集群系统挑战赛，其中就设置有实飞和虚拟对抗比赛项目。由此看来，世界各国正在加快 UCAV 自主空战进程（图 1.7）。

图 1.7 无人作战飞机自主空战

1.2 无人作战飞机自主空战方法综述

1.2.1 轨迹预测方法研究现状

轨迹预测作为空战中的重要环节，可以为我方的机动决策提供支持，在轨迹预测的基础上使我方提前掌握敌方的下一步位置，从而对敌方快速进行打击并对敌方的意图有一个初步的估计。根据作战双方距离和携带武器不同，空战可以划分为近距空战和中远距空战：近距空战双方机动剧烈，对抗性强，决策周期短，战场态势瞬息万变，因此对于预测时长的需要较短；而中远距空战机动剧烈程度较小，中远距空战采用雷达对敌探测[9]，双方距离较远，短时间的预测对于中远距空战的意义不大，并且敌机进入雷达盲区后隐身的时间往往较长，因此需要对敌的长时域轨迹预测来获取对敌的长时域预测轨迹。

轨迹预测是指通过敌机当前时刻之前一段时间内的三维轨迹，得到当前时刻之后一段时间内敌机的三维轨迹，其本质上是对时序数据的拟合和外推[10]，不同于股票价格等时序数据，飞行轨迹的时序数据受到飞机动力学方程约束，是有规律的时序数据，因此对其进行预测是可行的。当前的轨迹预测方法主要有三种：动力学模型、状态估计模型和机器学习模型。

动力学模型是应用飞行器的动力学和运动学微分方程，给定微分方程中的当前状态，例如升力、阻力、质量、速度等，对微分方程进行积分，进而得到下一时刻的状态[11]。但是这种方法需要知道飞行器的当前状态，以及飞行员控制量的输入，才能得到下一时刻的状态，并且不同飞行器的动力学方程的性能参数不同，在敌方为非合作博弈体的情况下，我方能获取的信息有限，要想建立较为精确的动力学方程是比较困难的。为了解决这个问题，文献［12］中提出了一种动态权值调整算法，能够动态调整飞行器的重量，从而对飞行器爬升轨迹预测精度有所提升，其中重量是通过雷达轨迹和天气数据动态调整，不需要其余的信息输入，通过空域概念评估系统（ACES）建立动力学轨迹计算模型来预测飞行器爬升轨迹。Alligier 等[13]提出了通过过去时刻对模型参数进行学习，动态拟合调整质量和推力，与基于欧洲航空器控制基础数据（BADA）的标准模型方法进行对比，结果证明此方法预测轨迹精度更高。Sun 等[14]将飞行阶段划分为不同阶段，在不同阶段每个性能指标的重要性不同，采用最大似然估计和其他各种数据挖掘方法获取性能参数值，从而对飞行轨迹进行预测。

状态估计模型是根据飞行器的位置、速度和加速度等建立状态转移方程，从而对下一时刻位置进行估计。物理系统的状态变化都是状态转移过程，因此都可以用状态空间模型描述的非线性系统来建模，现存比较经典的方法有卡尔曼滤波算法（KF）、粒子滤波算法、隐马尔可夫模型（HMM）等。Chatterji 等[15]通过 KF 算法进行短时域轨迹预测，通过建立状态转移矩阵，观察矩阵和协方差矩阵，得到状态方程和观测方程，最后根据 KF 算法的无偏最小方差估计，得到下一时刻的状态。Lymperopoulos 等[16]证明了由于飞行器动力学以及控制系统的非线性以及高维性，序贯蒙特卡洛算法效率低下，因此提出了一种顺序条件粒子滤波器（SCPF），在位置滤波方面表现出了良好的性能。Lin 等[17]使用隐马尔可夫模型对飞机的运动趋势进行建模，对不同情况下的飞行性能参数进行限制，使用高斯混合模型（GMM）描述运动趋势的条件分布，并运用机器学习算法从历史数据中获取模型最优参数，最终使用运动学方程计算飞行位置，获得了较好的预测精度。

机器学习模型是使用深度学习理论对轨迹进行预测的方法，近年来得到了蓬勃发展，其主要特点是不需要对飞行器进行精准建模，而是从历史数据中挖掘规律，因此对飞行器模型的要求低，但是对数据量要求比较大。目前较为常见的有 Elman 神经网络、BP 神经网络以及循环神经网络[18]等。王新等在文献［19］中使用改进的 Elman 神经网络预测敌机轨迹，并使用优化算法对神经网络参数进行优化，仿真结果证明该网络相较于原始网络以及 BP 神经网络的预测精度更高，并且三维坐标独立预测相较于整体预测收敛更快，精度更高。Wu 等在文献［20］中采用了 BP 神经网络预测民航客机的飞行轨迹，主要包括轨迹特征提取、BP 网络构建和轨迹实时预测三个部分，能够较好地预测民航客机的三维坐标。循环神经网络比较适用于时序数据的预测，其主要原因是网络具有记忆性，能挖掘时间序列中的时序信息，循环神经网络主要包括 RNN、长短时记忆网络（LSTM）、门控循环单元（GRU）和双向长短时记忆网络（Bi-LSTM）等。其中 LSTM 是为解决 RNN 的梯度爆炸问题，在其基础上增加了门结构的一种变体；GRU 是在 LSTM 基础上对门结构进行优化的一种变体；Bi-LSTM 是将前向的 LSTM 与后向的 LSTM 相结合，进行双向训练。谢磊等[21]使用优化算法优化网络内部参数的 LSTM 网络实时预测飞行器轨迹，对于 0.3s 后的轨迹预测精度误差小于 20m，预测精度高于 BP 神经网络、CNN 神经网络和 RNN 神经网络。张宏鹏等[22]采用门控循环单元预测下一时刻的空战飞行轨迹，相较于 BP 神经网络和 RNN 神经网络预测精度更高，在各轴上的平均预测误差在 20m。Zhao 等[23]提出了用于飞机轨迹预测的深度 LSTM（D-LSTM）网络,将飞机轨迹的多维特征融合到 LSTM 中,提高了预测精度。Sahadeven 等[24]将 Bi-LSTM 网络应用于轨迹预测,仿真结果证明 Bi-LSTM 在多步轨迹预测上性能优于 LSTM 网络和 CNN-LSTM 网络。

动力学模型预测轨迹一般用于民航客机调度中的轨迹预测,因为我方对于飞行器的性能参数都是已知的,而当敌方是军用飞行器时,由于敌方为非合作博弈体,我方对于敌方的性能参数难以获取,动力学方程对于性能参数精度要求高,当性能参数不准确时,预测精度显著下降,因此不适用于空战环境下的敌机轨迹预测。状态估计模型需要同时建立观测方程和状态方程进行预测,其本质上还是需要对状态转移矩阵等进行建模,由于空战过程中敌机的不确定性,因此状态估计模型只能在很短的时间内发挥作用,时间一长,误差会快速放大。机器学习模型不需要对飞行器进行明确的建模,不需要考虑动力学和运动学方程,因此当前被广泛用于各类时序数据的预测。

1.2.2 近距空战机动决策方法研究现状

空战根据携带武器和敌我距离不同可分为近距空战和中远距空战。在 20 世纪,近距空战是空战的主要形态,尤其是在第二次世界大战中,大集群近距空战是常见的作战方式,在 21 世纪,随着飞机平台和机载电子设备以及武器性能的发展,中远距空战发展迅猛。然而中远距空战过程中,随着攻击距离的拉大,尤其是目标位于导弹可发射区远边界附近时,目标实施大机动将大大降低导弹的命中概率,在导弹"一击不中"的情况下,近距格斗空战仍然不可避免。随着隐身技术的发展,敌我双方均很难侦测到目标,因此近距空战仍是未来 UCAV 自主空战的主要作战样式。图 1.8 所示为典型的"一对一"近距空战对抗。

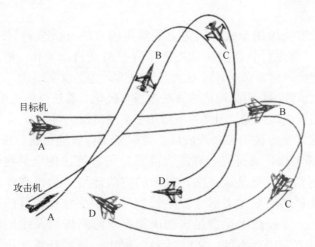

图 1.8 典型的"一对一"近距空战对抗

UCAV 空战机动决策是指在双机对抗过程中,UCAV 根据双方态势信息及机载武器性能自动生成合理的机动动作控制量,完成对敌机的作战任务。由于近距空战中环境复杂、格斗态势高速变化,因此 UCAV 的每一步决策都会对空战结果产生巨大影响。

现阶段,对于近距空战机动决策方法的研究主要分为基于博弈理论的方法、基于对策理论的方法、基于优化理论的方法及基于人工智能的方法。如图 1.9 所示为 UCAV 近距空战典型机动决策方法的具体划分。

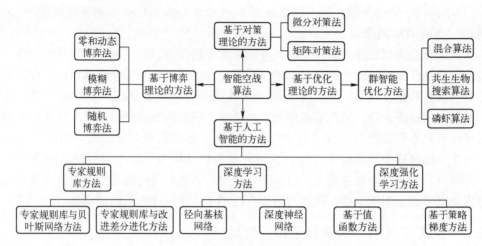

图 1.9　UCAV 近距空战典型机动决策方法划分

对于基于博弈理论方法而言，文献［25］提出了一种将零和博弈与动态规划相结合的机动决策方法，使用函数逼近思想解决了空战机动决策问题中存在的"维数灾难"的问题。文献［26］将博弈理论和模糊思想相结合，通过模糊评估矩阵对机动动作进行评估，采用自适应差分进化算法求解纳什均衡模型。虽然该方法求解效率较高，但是决策结果准确性有待提高。文献［27］提出了一种深度随机博弈的方法，将深度神经网络和博弈论思想相结合，采用 Minimax 方法求解随机博弈函数，训练神经网络逼近值函数。该方法虽然满足求解精度的要求，但是由于需要数据训练，所以决策实时性难以满足需求。

基于对策理论方法应用于机动问题上最常用的方法有微分对策法[28]和矩阵对策法[29]。文献［30］通过计算微分函数矩阵来寻找最优机动动作，解决了空战追逃问题，但是该方法建模过程复杂、计算量大且实时性较差。文献［31］通过矩阵对策法获取最优策略的大致范围，再采用遗传算法进一步优化。算法虽然建模简单，但是求解精度不高、易于陷入局部最优，因此并不适用于空战机动决策。

对于基于优化理论方法而言，现阶段主要以基于群智能优化算法的机动决策方法为研究重点。文献［32］通过混合算法提高了粒子群算法的全局搜索能力，改善了决策过程中的求解精度，但是该方法在复杂的空战环境下易出现单步决策时间过长从而导致实时性不够的问题。文献［33］提出了共生生物搜索算法用于解决机动决策问题，该方法在一定程度上能满足机动决策在求解精度以及跳出局部最优方面的需求，但是实时性方面仍有不足。文献［34］提出一种磷虾算法用于机动控制量的寻优，该方法虽然能有效引导 UCAV 进行决策，但建模过程复杂，计算繁琐且实时性能有待提高。

基于人工智能的机动决策方法现阶段主要以基于专家规则库、基于深度学习以及基于深度强化学习方法为研究重点。对于基于专家规则库的机动决策方法而言，现阶段一般是将专家规则库与其他方法相结合，文献［35］将专家规则库与改进差分进化方法相结合，通过对行为规则的学习建立专家规则库，依据专家规则库结合改进差分进化方法得到机动动作。虽然该方法建模过程较为简单,但是所建立的系统难以覆盖所有空战态势,适应性较差。文献[36]提出了一种将专家规则库和贝叶斯网络相结合的机动决策方法,建立了相应的混合系统。虽然该方法一定程度上解决了仅采用专家规则库带来行为局限性的缺陷,但是建模过程较为复杂,实时性有待提高。对于基于深度学习算法的机动决策方法而言,文献[37]提出利用径向基核网络优化控制量,从而进行机动决策。虽然该方法实时性较高,但是在数据丢失的情况下,其决策的准确性有待提升。文献[38]提出利用深度神经网络进行决策,虽然提高了空战胜率,但是学习过程较为复杂,对数据量要求较高。对于基于深度强化学习算法的机动决策方法而言,文献[39]在六自由度模型的基础上,通过基于值函数的方法——Q-learning算法,使得UCAV能够在不同态势情况下做出最优机动。文献[40]提出了基于策略梯度的方法——分层AC算法,算法通过设计机动决策子任务,采用AC算法由易到难训练子任务网络,使得UCAV能够渐进式提升决策能力。

1.2.3 中远距空战机动决策方法研究现状

在21世纪,随着飞机平台和机载电子设备以及武器性能的发展,中远距空战成为重要的空战形势[41]。当前关于中远距空战的研究主要集中于作战效能评估[42]、轨迹规划[43]和雷达目标检测[44]方面,而对中远距空战机动决策研究很少。当前研究主要集中于近距空战而不是中远距空战的主要原因有两个:一是中远距作战流程和规则比较复杂,目前还没有成熟的理论;二是近距空战机动决策主要关注于态势评估,导弹攻击区解算和机动占位,而中远距空战主要关注于雷达的探测目标以及中远距雷达空空导弹数据链制导打击,该过程模型复杂,建模困难。

当前研究中远距空战机动决策方法主要有优化理论方法和强化学习方法。Hu等[45]建立了飞机运动模型和导弹攻击模型,考虑作战空域和导弹的威胁设计了奖励函数,采用强化学习方法训练智能体进行中远距空战仿真,仿真结果证明该训练出来的智能体能在躲避敌人威胁的同时,对敌方造成威胁。Piao等[46]引入了一种端到端的强化学习方法,用于在中远距空战高保真空战模拟环境中训练具有对抗性的智能体,结果证明能自发产生多种空战战术行为。

Li等[47]提出了一种多UCAV中远距协同占位机动决策方法,其使用武器攻击区和空战几何学建立了优势函数用于态势评估,将多UCAV机动决策问题转化为混合整数非线性规划(MINLP)问题,并采用改进的离散粒子群优化算法(DPSO)求解。Lu等[48]提出了一种基于自主机动决策的中远距空战贡献评估模型,主要包括态势评估模型、机动决策模型和中远距空战评估模型,并对雷达发现概率和导弹可发射状态进行了建模,构建了基于影响图的机动决策模型,可以综合利用战场信息进行决策。Yang等[49]设计了一种中远距空战自主规避机动决策方法,同时考虑更远的脱靶距离、更少的能量消耗和更长的机动时长,将规避机动问题转化为多目标优化问题,设计了一种分层多目标进化算法(HMOEA)来找到问题的近似帕累托最优解,仿真结果表明其可以满足UCAV不同的规避战术需要。

1.3 相关问题与重要理论

1.3.1 空空导弹可发射区解算问题

空空导弹的可发射区解算问题是实现对 UCAV 高效导引和 UCAV 最优机动占位的基础性前提；目标位于空空导弹的可发射区范围内，构成空空导弹的发射条件，是空战机动轨迹规划与生成的最终目的。基于现役空空导弹全向攻击、离轴发射、高机动过载的基本特性，利用导弹的优异性能弥补 UCAV 平台的不足，将平台难以实现的战术需求交由导弹完成，充分发挥空空导弹的战术使用性能，是实现 UCAV 战术机动决策及自主智能空战的重要方式。可发射区是衡量空空导弹战术使用性能的最重要因素。对当前态势条件下，导弹的可发射区进行快速解算，掌握导弹的攻击特性和限制范围，有利于高效地发挥空空导弹的战术使用性能，保证 UCAV 通过机动攻击轨迹的形式可靠攻击占位。

针对空空导弹可发射区/可攻击区相关问题，国内外学者主要从以下几个方面进行研究：文献［50］通过综述的形式，从概念角度详细阐述了可发射区的表征思路和分析方法；文献［51］和文献［52］分别通过多层感知机、遗传规划等方式，基于现有的数据，通过神经网络或线性拟合的方式，利用训练完成的网络或者线性拟合公式实现对空空导弹可发射边界的预测；文献［53］提出了双机编队条件下空空导弹协同可发射区的概念，并给出了具体的解算流程；文献［54］在文献［53］的基础上进行了进一步的丰富和发展，设计了多机编队条件下的空空导弹协同可发射区；文献［55］提出了空空导弹发射后动态可发射区的概念，在此基础上，文献［56］研究了随机风场环境下，空空导弹的动态可发射区的规律及变化。

以上文献中空空导弹可发射距离的解算值，全部立足于有人驾驶的战斗机平台；在导弹的发射决策回路中，包含了人的经验因素；可发射区解算过程中，对于目标机的运动，大都采用简化的形式，即假定目标保持匀速直线运动状态或给定的机动状态。无人自主的空战条件下，由于不包含人在回路的决策过程，有人战斗机的火控解算结果对 UCAV 而言并不适用，而针对 UCAV 的导弹可发射区问题目前尚无公开文献涉及，因此，为实现 UCAV 最优空战机动占位，必须要对空空导弹的可发射区相关理论进行进一步的丰富和发展。

1.3.2 空战试探机动决策问题

试探机动决策，是指在每一个决策节点，决策系统根据当前时刻敌我双方的相对态势，生成一系列可能的作为决策结果备选项的机动动作，每一个机动备选项被称为一个试探机动[57]。决策系统对执行每一个试探机动后的结果进行预测，并通过评价函数对预测后的敌我双方相对态势进行评价，其中对评价指标最有利的试探机动即为最终的决策结果。

针对试探机动决策问题，文献［58］提出并设计了 7 种基本操纵动作，空战双方基于决策评价函数，基于 MAX-MIN 方式从 7 种基本操纵动作库中选出最优的机动动作，作为下一时域的机动执行项；在此基础上，文献［59］将飞行员的心理因素和人的生理限制考虑在内，构建了模糊控制逻辑，以生成更为合理的决策控制量；文献［60］将7种基本操纵动作在空间内扩展到45种，在MAX-MIN机动决策方式的基础上基于统计学原理筛选出最佳的机动动作，以提高机动决策的鲁棒性；文献［61］将滚动时域的方法引入空战机动决策，将整个空战过程分解为若干有限时域，通过滚动优化的方式选择最优的控制量；文献［62］设计了更为精细的试探机动策略，构建了729种机动备选项，通过机动试探的方式，选择最优的机动策略，同时基于贝叶斯推理，对当前态势下的空战态势进行评估，使决策因子的权重值自适应变化，这种方式可以生成更为连续变化的控制量，且通过态势评估使得空战结果朝向更有利于攻击占位的方向发展。

前人构建的试探机动决策策略存在两点不足：

（1）基于7种基本操纵动作及其扩展策略的试探机动方法，在控制量选取时，均采用极限操控的bangbang控制方式，这种方式下，控制量变化十分剧烈，不符合真实空战条件下的工程应用实际；虽然文献［62］通过控制量的精细划分，保证了控制量变化的连续性，然而这些文献在模型选择时均选用了简化的三自由度模型，不考虑发动机推力及气动力变化，无法保证所生成轨迹的合理性。

（2）机动决策与轨迹规划的最终目的是导引UCAV构成空空导弹的发射条件，满足导弹发射前的准备状态。因此，空战机动决策应紧密结合空空导弹的状态实际，在对导弹状态评估的基础上优选出最优的机动策略。以往文献在决策时，往往使用了简化的可发射区/攻击区模型，且缺乏对空空导弹攻击状态的评估，生成的决策机动轨迹难以保证导弹作战使用的科学性。

综上，试探机动决策方法需要在模型使用和导弹作战应用上进一步加强。

1.3.3 深度强化学习

深度学习和强化学习均为机器学习的重要组成部分。强化学习是一种在与环境交互过程中进行学习的算法，在学习过程中不依赖任何先验经验[63]，通过环境反馈的奖赏值进行自身策略的优化，由于其具备强大的自主决策能力，因此常常被用于解决类似飞行器机动决策之类序列化决策问题。深度学习由于具备强大的环境感知能力，因此将其用来处理复杂、高维的环境特征，并与强化学习思想相结合，以此形成深度强化学习方法[64]。

深度强化学习方法首次引起巨大轰动是在2016年围棋比赛中，由DeepMind团队设计的智能博弈机器人AlphaGo击败了职业顶级选手李世石。在DeepMind开发的这种智能体程序中，使用了蒙特卡洛搜索树和两个神经网络相互结合的方法，其中一个神经网络通过值函数对每种动作行为进行评价，另一神经网络用来选择动作[65]。这种设计思路可以使得智能体在奖励函数的引导下完成长远推断，后期在数以万计的回合比赛中进行自博弈，最终训练出一种与环境有着强大交互能力的智能体。在随后的时间里，DeepMind团队在AlphaGo的基础上推陈出新，于2017年推出了AlphaGo的进阶版——AlphaGo Zero[66]。这种智能体不依赖于任何规则和经验，经过三天的训练便能以100∶0击败AlphaGo。Alpha系列在围棋游戏上出色的战绩证明了深度强化学习巨大的发展潜力,加速了人工智能技术的发展。

现阶段深度强化学习算法主要有两种类型,一种是基于值函数的算法,另一种是基于策略梯度的算法,其具体划分如图 1.10 所示。

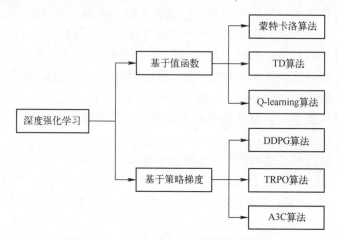

图 1.10 深度强化学习方法分类示意图

1. 基于值函数的算法

基于值函数算法的总体思路是利用神经网络来逼近值函数,通过评估值函数来间接得到策略[67]。基于值函数算法主要有蒙特卡洛(Monte-Carlo,MC)算法、时序差分(Temporal Difference,TD)算法以及 Q-learning 算法等。现阶段,最常用的基于值函数的方法为深度 Q 网络(Deep Q-network,DQN)及其改进的各种算法。2013 年,Minh 等提出了著名的 DQN 算法,是深度强化学习领域的开创性成果[68]。其在 Q-learning 算法的基础上引入了 CNN 网络,CNN 强大的环境感知能力使得网络能够很好地近似动作价值函数,引入的经验回放机制打破了数据之间的相关性。Minh 等将 DQN 算法应用在 Atari 游戏上大大提升了智能体的有效得分。由于 DQN 算法首次将强化学习方法与深度神经网络相结合,并得到了成功应用,因此引起了专家学者对于深度强化学习的强烈兴趣,随后几年又在 DQN 算法的基础上提出了多种改进算法。按照对 DQN 改进侧重点的不同,改进方法大体可分为网络结构的改进、训练方法的改进以及学习机制的改进这三类。如图 1.11 所示为 DQN 算法的一些改进方法的分类。

2. 基于策略梯度的算法

基于策略梯度深度强化学习算法的思想是首先将神经网络看作一种策略网络,将待优化策略 π 形象化表示为网络参数 π_θ,然后计算神经网络输出动作的梯度,再使用梯度下降法来更新网络参数,最终获得最优策略。相比于基于值函数的算法,基于策略梯度的算法无须通过值函数来间接选择动作,因此其网络模型更简单,训练效率更高。现阶段常用的基于策略梯度的算法有深度确定性策略梯度[69](Deep Deterministic Policy Gradient,DDPG)、区域信赖策略最优化[70](Trust Region Policy Optimization,TRPO)以及异步优势行动者-评论家[71](Asynchronous Advantage Actor-Critic,A3C)三种算法及其改进的各种方法。图 1.12 为基于策略梯度算法的具体分类示意图。

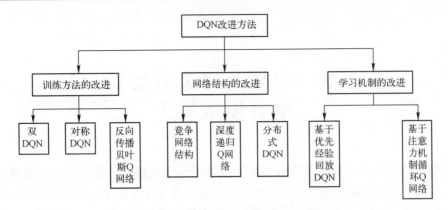

图1.11 DQN改进方法分类示意图

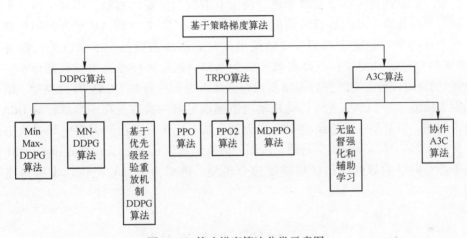

图1.12 策略梯度算法分类示意图

第 2 章 空战几何关系及 UCAV 平台模型构建

理顺 UCAV 的空战几何关系是理解空战的基础和前提，是研究空战战术战法的必修课。空战几何关系很大程度上决定着空战态势，是空战态势评估的主要依据，因而对空战几何关系进行研究和分析十分必要。无人作战飞机的平台性能、机动性能、发动机推力性能、武器性能等对空战战术机动决策有着极为重要的影响。不同平台、不同武器、同一平台挂载不同武器都将使战术战法不一样。广义的 UCAV 平台模型包括其飞行平台的动力学和运动学模型、气动模型以及武器攻击模型。本章以无人隐身战机"幻影雷"（Storm Shadow）气动参数曲线为基础，通过采样获得大量数据样本，利用 BP 神经网络对该数据矩阵进行高精度拟合，从而得到完备的 UCAV 升力模型、阻力模型和推力模型，为 UCAV 进行智能机动决策提供足够的参数支撑。本章针对 UCAV 武器攻击问题，以某型三代近距空空导弹为例，基于比例导引法研究空空导弹攻击区特性；针对 UCAV 导弹攻击模型问题，利用径向基函数（Radial Basis Function，RBF）构建基于神经网络的导弹攻击区高精度拟合模型，进而为 UCAV 提供攻击区快速解算模型。

2.1 空战几何关系分析

空战几何关系由空战双方的方位、姿态和速度等构成，是空战态势的主要内容。理解和高效运用空战几何关系，是空战决策的重要内容。因此，对空战几何关系进行描述和分析是十分必要的。空战几何关系主要包括航向夹角、方位角和距离[72]。

2.1.1 航向夹角、方位角和距离

航向夹角（Angle Off）简称夹角，是指 UCAV 航向与敌机航向之间的角度，如图 2.1 所示，范围为 0°~180°。当两机航向相同时，航向夹角为 0°；当两机航向相反时，航向夹角为 180°。

方位角（Aspect Angle，AA）是指 UCAV 与敌机尾部构成的角度，表征的是敌我双方的方位信息，见图 2.2 所示。方位角与 UCAV 航向无关，图中两架灰色无人机的方位角相同，但是与敌机的航向夹角不同。

2.1.2 基于空战几何关系的态势分析

航向夹角、方位角和距离基本决定了无人作战飞机的空中几何关系，同时也基本决定了空战的敌我双方态势。图 2.3 刻画了完整的 UCAV 空战几何关系。图中，目标视线

为敌我双方所在位置的连线，AA 为 UCAV 相对敌机的方位角，ATA（Antenna Train Angle，瞄准角）为 UCAV 机头的指向与目标视线的夹角，HCA（Heading Crossing Angle）为航向交叉角（航向夹角）。

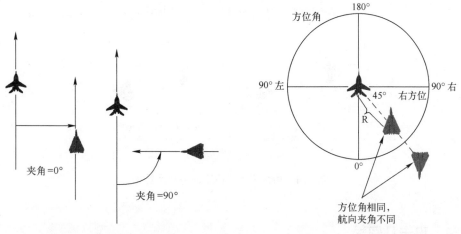

图 2.1 航向夹角关系图　　　　图 2.2 方位角示意图

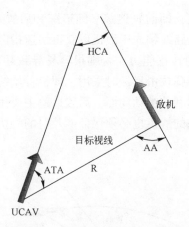

图 2.3 空战位置相对几何关系

方位角和瞄准角对空战态势起着决定性的影响。在近距格斗范围内，方位角和瞄准角将空战分为四种态势，即迎头、尾追、被尾追和分离，如图 2.4 所示。其中，尾追为有利态势，被尾追为不利态势，迎头或分离为均势。这 4 种态势是空战决策的基本态势，是一切决策和优化的基本参考量，对空战起着至关重要的作用。

当 AA<90°时，UCAV 处于尾追敌机（ATA<90°）或分离（ATA>90°）态势，即 UCAV 保持在优势或安全状态；当 AA>90°时，UCAV 处于迎头（ATA<90°）或被尾追（ATA>90°）态势，即 UCAV 处于劣势或紧张状态。因此，方位角对比瞄准角对空战具有更为决定性的作用。但是方位角的改变是一个长时间的过程，而瞄准角更容易调整。空战中 UCAV 应先争取方位角优势，然后在此基础上调整瞄准角和距离以形成武器发射条件。

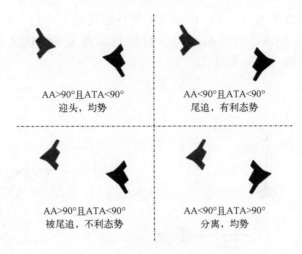

图 2.4 由角度关系决定的空战态势图

2.1.3 攻击几何学

空战中有三种攻击路线,即前置追踪、纯追踪和后置追踪[72]。如图 2.5 所示,前置追踪顾名思义,就是攻击路线领先于敌机以获得快速指向目标的能力。实施前置追踪的战机必须保证具有较好的转弯能力,否则很容易导致超越敌机,形成不利的被动态势。纯追踪一般是在使用导弹攻击目标时采用,即机首始终指向敌机,长时间的纯追踪也可能会导致冲前,导致不利的被动局面。后置追踪主要用于逼近敌机,也可用于异面机动对抗中。执行后置追踪的战机也必须保证能及时的将机头转向敌机,否则将无法形成攻击条件。

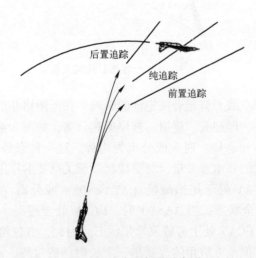

图 2.5 攻击几何学示意图

2.2 无人作战飞机模型及参数拟合

2.2.1 无人作战飞机平台模型

UCAV 不需要考虑人的过载承受能力,因而具有更加灵活的气动结构布局和更加优越的机动性能[73-74]。对 UCAV 进行精确建模和气动特性分析是非常有必要的,它的性能参数将直接影响空战战术战法的制定。

建立 UCAV 三自由度质点模型,并以迎角、滚转角和发动机推力为控制量构建 UCAV 质点控制模型,具体如下:

$$\begin{cases} \dot{x} = v\cos\gamma\cos\psi \\ \dot{y} = v\cos\gamma\sin\psi \\ \dot{z} = v\sin\gamma \\ \dot{v} = \dfrac{T\cos\alpha - D}{m} - g\sin\gamma \\ \dot{\gamma} = \dfrac{(L+T\sin\alpha)\cos\mu}{mv} - \dfrac{g}{v}\cos\gamma \\ \dot{\psi} = \dfrac{(L+T\sin\alpha)\sin\mu}{mv\cos\gamma} \end{cases} \quad (2.1)$$

式中:(x,y,z) 为 UCAV 在惯性坐标系中的位置;m 为质量;v 为速度;γ 为航迹倾角;ψ 为偏航角;α 为迎角;μ 为滚转角;T 为发动机推力;D 为气动阻力;L 为气动升力;g 为重力加速度常值。

根据 UCAV 所受力在航迹坐标系中的投影,得到其过载在航迹坐标中的各分量为

$$\begin{cases} n_x = \dfrac{T\cos\alpha - D}{G} \\ n_y = \dfrac{(T\sin\alpha + L)\sin\mu}{G} \\ n_z = \dfrac{(T\sin\alpha + L)\cos\mu}{G} \end{cases} \quad (2.2)$$

式中:n_x 为切向过载;n_y 和 n_z 均为垂直于速度方向的过载,其合成量称为法向过载,记为 n_f,即

$$n_f = \sqrt{n_y^2 + n_z^2} = \dfrac{T\sin\alpha + L}{G} \quad (2.3)$$

通常,法向过载又用 n_z 来标记,即

$$n_z = \dfrac{T\sin\alpha + L}{G}$$

从而得到基于过载量和滚转角控制的 UCAV 质点模型:

$$\begin{cases} \dot{x} = v\cos\gamma\cos\chi \\ \dot{y} = v\cos\gamma\sin\chi \\ \dot{h} = v\sin\gamma \\ \dot{v} = g(n_x - \sin\gamma) \\ \dot{\gamma} = \dfrac{g}{v}(n_z\cos\mu - \cos\gamma) \\ \dot{\psi} = \dfrac{g}{v\cos\gamma}n_z\sin u \end{cases} \qquad (2.4)$$

基于迎角、推力和滚转角的 UCAV 模型与基于过载和滚转角的模型，都是常用的模型。其中，基于迎角、推力和滚转角的模型更加贴近 UCAV 真实模型，能够考虑气动特性对 UCAV 的影响，飞出更加真实的 UCAV 机动轨迹；基于过载和滚转角的模型是一种间接的控制模型，通过间接地控制过载量来实现对 UCAV 的机动控制，模型相对简单容易实现。本章主要研究基于迎角、推力和滚转角的 UCAV 平台模型，并研究 UCAV 气动特性等性能参数。公开的 UCAV 的机动性能参数非常少，比较详细的有"幻影雷"（Storm Shadow）无人作战飞机[75]，其外形特征如图 2.6 所示，"幻影雷"是隐身无人作战战机，具有很强的机动能力和隐身能力，具备未来作战飞机的多种特性。因此，采用该型无人作战飞机作为空战平台。下面将具体分析其气动特性、动力特性及飞行包线约束等，并采用前馈神经网络对其关键参数进行拟合，为后面的机动决策提供完备而精确的气动参数支撑。

图 2.6 "幻影雷"无人作战飞机

2.2.2 升力模型与阻力模型

气动升力 $D = 0.5\rho v^2 SC_D$，气动阻力 $L = 0.5\rho v^2 SC_L$，$\rho = 1.225 e^{-z/9300}$ 为空气密度，S 为气动参考面积，C_L 和 C_D 为相应的升力系数和阻力系数。C_L 和 C_D 由 UCAV 气动特性和飞行迎角共同决定，而气动特性与外形密切相关，它们之间的关系难以通过理论推导计算的方法获得。为此，实验是获得其参数数据的最佳途径。图 2.7 为通过实验获得的 UCAV 升力系数 C_L 与飞行迎角 α 之间的关系曲线。然而，从该图可以看出实验数据是极其有限且稀疏的,难以满足空战应用精度的要求。为此,本章采用前馈神经网络对其进行高精度拟合,以生成满足应用需求的关系式。

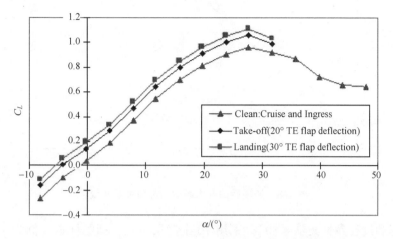

图 2.7 无人作战飞机升力系数与迎角关系曲线

对巡航段(Cruise)曲线进行试验点采样,得到采样矩阵 H,如表 2.1 所示。

表 2.1 升力系数采样矩阵

α	C_L
-8	-0.28
-4.3	-0.11
-0.2	0.03
3.8	0.19
7.9	0.37
11.6	0.55
15.8	0.70
19.8	0.81
23.7	0.89
27.4	0.99
31.7	0.92
35.8	0.86
40.0	0.72
44.0	0.66
48	0.64

对 H 矩阵进行分片段的线性插值,以拓展样本数量。插值后的矩阵记为 $\widehat{H}$,拓展后的样本如图 2.8 所示。

采用 BP(Back Propagation)神经网络对图 2.8 的升力曲线与迎角的关系进行高精度拟合。BP 神经网络是一种误差逆向传播的多层前馈网络,是应用极为广泛的神经网络之一[76-79]。其传递层采用 S 型函数,能够对大量输入输出关系进行逼近。BP 神经网

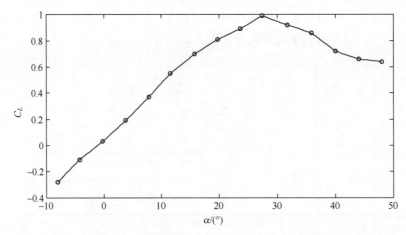

图 2.8 拓展后的升力系数与迎角关系曲线

络工作原理和过程参见文献 [80]。采用 10 个隐层节点,训练样本比例为 75%,验证样本比例为 15%,测试样本比例为 10%,并利用 Levenberg-Marquardt 算法进行训练,其网络结构如图 2.9 所示。

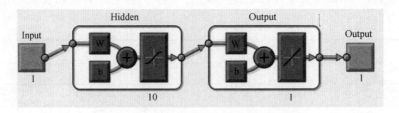

图 2.9 升力系数拟合 BP 神经网络结构

经过 160 轮完成训练,拟合结果见图 2.10 和图 2.11。图 2.10 是拟合结果及相应误差,误差在 10^{-4} 量级以内。图 2.11 是均方差(mean squared error)曲线,经过 40 轮后,

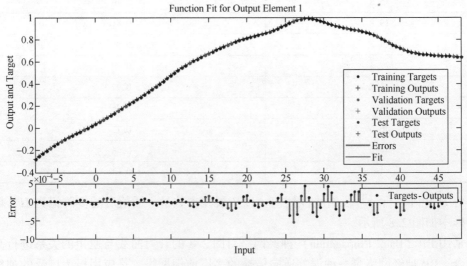

图 2.10 升力系数拟合结果

该网络的均方差就控制在了 10^{-8} 量级，表明该网络能快速高效地实现升力系数的拟合。进而，得到升力系数与迎角的计算式为

$$C_L = \text{net}_{C_L}(\alpha) \tag{2.5}$$

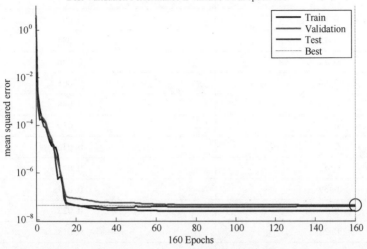

图 2.11 升力系数拟合均方差曲线

UCAV 升力系数与阻力系数的关系函数曲线见图 2.12 所示。由于已知升力系数与迎角的关系，那么只要把阻力系数与升力系数的关系用神经网络搭建出来，就可以计算出阻力系数。由表 2.2 可知，升力系数的变化范围为 $[-0.28, 0.90]$，所以只对该范围内的曲线进行采样。以升力系数为自变量，建立阻力系数与其的神经网络映射关系。为提高采用效率且保证较高精度，考虑到该曲线为连续的非线性变化过程，采用变间隔的采样方法。

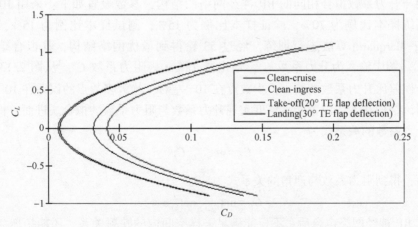

图 2.12 气动升力系数与阻力系数关系曲线

对原图进行标尺处理，采样得到 20 组数据，如表 2.2 所示。

表 2.2　升力系数与阻力系数的采样数组

C_L	C_D
0.90	0.124
0.88	0.109
0.82	0.094
0.78	0.085
0.72	0.076
0.64	0.061
0.56	0.048
0.50	0.039
0.47	0.036
0.42	0.031
0.39	0.027
0.32	0.022
0.28	0.018
0.21	0.014
0.14	0.011
0.07	0.009
0.00	0.008
-0.09	0.009
-0.16	0.011
-0.28	0.018

采用与升力系数拟合相同的 BP 神经网络的结构，参数设置如下：采用 10 个隐层节点，训练样本比例为 70%，验证样本比例为 15%，测试样本比例为 15%，并利用 Levenberg-Marquardt 算法进行训练。经过 53 轮得到最优网络结构，其拟合结果如图 2.13 所示。图中输入为升力系数 C_L，输出或 Target 为阻力系数 C_D。从图 2.13 可以看出，拟合误差比升力系数的要小，少数点在 10^{-4} 左右，绝大多数点的误差在 10^{-5} 量级以内，表明该结构和参数设置能高精度实现升力系数与阻力系数的拟合。进而，得到阻力系数与升力系数的关系式为

$$C_D = \text{net}_{C_L\_C_D} C_L \tag{2.6}$$

进而，得到阻力系数与迎角的关系式为

$$C_D = \text{net}_{C_L\_C_D} \text{net}_{C_L} \alpha \tag{2.7}$$

通过 BP 神经网络拟合后，不仅能满足采样空间内的映射关系，还能拓展为在采样空间外一定值域内的映射关系。图 2.12 中没有给出升力系数 $C_L > 0.9$ 与阻力系数 C_D 之间的关系曲线，但是通过 BP 神经网络拟合后，本章能给出图 2.12 关系曲线的拓展结果。例如 $C_{D,C_L=0.92} = \text{net}_{C_L\_C_D}(C_L=0.92) = 0.1445$，$C_{D,C_L=0.99} = \text{net}_{C_L\_C_D}(C_L=0.99) = 0.1771$。

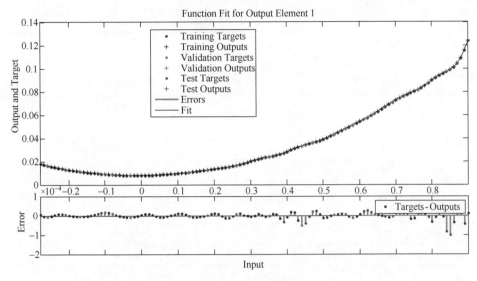

图 2.13 升力系数与阻力系数拟合结果

2.2.3 推力模型

发动机推力大小由飞行高度、飞行速度、当前姿态及拉杆位置等共同决定，是一个复杂的非线性模型，难以精确构建，但拉杆位置是最主要的决定性因素。图 2.14 给出了 UCAV 飞行马赫数（Mach Number）、高度（Altitude）与推力（Thrust）之间的关系。从图中可以得知，发动机推力随着飞行高度升高而减小，马赫数对推力的影响随着高度的升高而减弱。

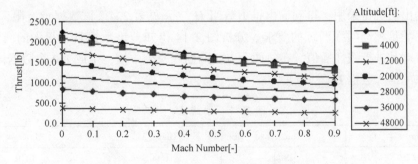

图 2.14 飞行马赫数、高度与推力之间的关系

考虑到高度大于 36000 英尺①，发动机的推力很小，难以满足空战机动的需求；而高度为 0 时，推力大小与空战机动没有关系。因此，只对高度在 0~36000 英尺的推力进行拟合。

由马赫数和高度共同决定的发动机推力模型是一个多输入单输出的模型。首先构建输入矩阵 H_{input}，见表 2.3。

---

① 1 英尺 = 0.3048 米。

表 2.3 矩阵 H_{input}

马赫数	高度/英尺
0	0
0	4000
0	12000
0	20000
0	28000
0	36000
0.1	0
0.1	4000
0.1	12000
0.1	20000
0.1	28000
0.1	36000
⋮	⋮
0.9	0
0.9	4000
0.9	12000
0.9	20000
0.9	28000
0.9	36000

对输出值进行采用,得到输出推力数组 H_{target},见表 2.4。该数据量有限,只有 60 组,难以满足神经网络训练的要求。分析图 2.14 得知,该数据具有很强的线性关系,因此本节对其进行线性插值,在每两个点之间插入一个中值,生成 114 个数据样本作为神经网络的训练数据 $\widehat{H}_{target}$。

表 2.4 数组 H_{target}

Thrust_1	Thrust_2	Thrust_3	Thrust_4
2250	1900	1600	1410
2100	1730	1500	1340
1800	1500	1250	1110
1500	1230	1040	940
1200	1000	850	770
850	750	600	550
2100	1750	1520	
2000	1650	1450	
1700	1450	1220	
1450	1200	1010	

(续)

Thrust_1	Thrust_2	Thrust_3	Thrust_4
1100	950	850	
800	700	590	
2000	1680	1480	
1850	1490	1400	
1600	1350	1200	
1350	1100	1000	
1020	910	800	
760	650	570	

采用与升力系数拟合相同的 BP 神经网络的结构,但是输入端为两个元素,其具体网络结构见图 2.15 所示。参数设置如下:采用 10 个隐层节点,训练样本比例为 75%,验证样本比例为 15%,测试样本比例为 10%,并利用 Levenberg-Marquardt 算法进行训练。经过 67 轮得到最优网络参数,其推力拟合回归曲线见图 2.16。从图 2.16 可以看出,该神经网络系统对推力的拟合回归系数达到 0.999 以上,表明该网络结构和训练参数设置是合理的,能实现对推力的高精度拟合。

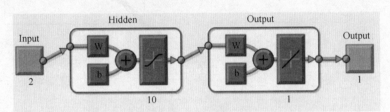

图 2.15 推力拟合 BP 神经网络结构

通过神经网络的拟合,得到推力的计算公式为

$$T_{M,A} = \text{net}_T(\text{MachNumber}, \text{Altitude}) \tag{2.8}$$

图 2.17 给出了经 BP 神经网络拟合后的推力与高度及马赫数的关系曲线。经过神经网络拟合,将离散而稀疏的推力状态空间拓展为连续而完备的状态空间。因此,通过神经网络的拟合,获得了更加完备而精确的推力曲线,可为无人自主空战提供必要且便捷的参数支撑。

上面建立的发动机推力随高度和马赫数变化的模型,加上油门拉杆位置将决定最终的发动机输出推力。因此,完整的发动机推力模型为

$$T = \eta T_{M,A} = \eta \text{net}_T(\text{MachNumber}, \text{Altitude}) \tag{2.9}$$

式中,$\eta \in [0 \quad 1]$ 表示油门推杆位置。

2.2.4 飞行包线及约束

UCAV 受自身平台的约束,机动性能参数都有一定的约束范围,这些约束条件构成了 UCAV 飞行包线。UCAV 机动性能约束具体有

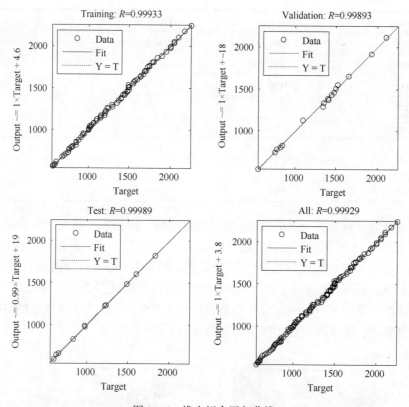

图 2.16 推力拟合回归曲线

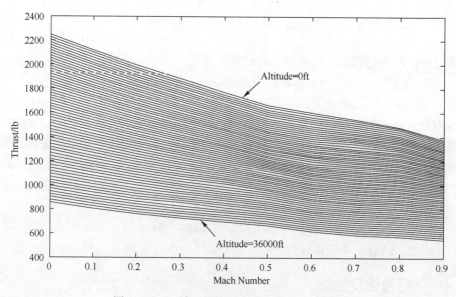

图 2.17 BP 神经网络训练后的推力拟合曲线

$$\begin{cases} h_{\min} \leqslant h(t) \leqslant h_{\max} \\ v_{\min} \leqslant v(t) \leqslant v_{\max} \\ m_{\min} \leqslant m(t) \\ \gamma_{\min} \leqslant \gamma(t) \leqslant \gamma_{\max} \\ \mu_{\min} \leqslant \mu(t) \leqslant \mu_{\max} \\ \alpha_{\min} \leqslant \alpha(t) \leqslant \alpha_{\max} \\ 0 \leqslant \eta(t) \leqslant 1 \end{cases} \tag{2.10}$$

以"幻影雷"无人作战飞机为例,其飞行包线见图 2.18 所示。其飞行包线主要由四部分组成,即失速限制（Stall Limit）、发动机推力限制（Thrust Limit）,零爬升率限制（Zero Rate of Climb Limit, 0 R/C Limit）和最大引擎操纵速度限制（Maximum Engine Operation Speed Limit）。

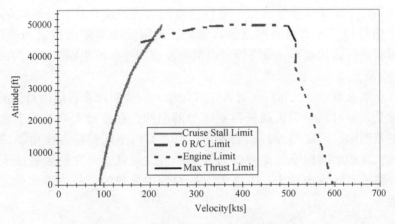

图 2.18 "幻影雷"无人作战飞机飞行包线

2.3 本章小结

本章首先分析了空战几何关系以及基于空战几何关系的态势,为较好地理解 UCAV 自主空战空间关系奠定了基础。分析了 UCAV 自主空战平台模型,并研究了两种不同动力学模型之间的转换关系；基于无人隐身战机"幻影雷"的气动参数曲线,通过采样和插值并利用 BP（Back Propagation）神经网络对该数据进行高精度拟合,从而得到了完备的 UCAV 升力模型、阻力模型和推力模型,为 UCAV 进行智能机动决策提供足够的参数支撑。其中,升力系数拟合误差在 10^{-4} 量级以内,阻力系数拟合误差在 10^{-5} 量级以内,推力拟合回归系数达到 0.99 以上。

第 3 章　典型空空导弹可发射区建模

3.1　导弹可发射问题的解算原理

导弹可发射问题的解算过程需要综合考虑导弹性能、目标运动状态和攻击机运动状态的影响。首先确定目标运动状态信息；解算系统根据导弹与目标的相对状态，基于多约束条件下运动动力学模型，进行导弹的攻击弹道解算；根据脱靶量[81]判定导弹是否命中目标。基于当前弹道解算结果，搜索算法对距离搜索初值进行更新，并对上述过程进行迭代运算，最终输出由最大距离 $R_{\max}$ 和最小距离 $R_{\min}$ 构成的距离区间范围 $[R_{\min}, R_{\max}]$。

为了有效地求解空空导弹可发射区边界包络，需要对攻击机周围目标的位置进行搜索。导弹受发射时刻导引头视场搜索能力的制约，存在最大离轴发射角。在离轴角所允许的范围内，标定当前目标进入角，可计算出不同目标方位角条件下的可发射距离区间，这些距离构成的集合即为导弹的可发射区。可发射区表征了基于一定态势下的导弹的整体攻击能力，考虑到空战对抗中导弹的作战使用实际，将其数学模型表述为

$$\begin{cases} R_{\max} = f(v_{t_0}, v_{m_0}, h_{m_0}, a_{\mathrm{asp}}, a_{\mathrm{off}}, \gamma_{m_0}, u_t) \\ R_{\min} = f(v_{t_0}, v_{m_0}, h_{m_0}, a_{\mathrm{asp}}, a_{\mathrm{off}}, \gamma_{m_0}, u_t) \end{cases} \quad (3.1)$$

式中：v_{t_0}、v_{m_0} 分别为发射时刻目标机速度和导弹初速度；h_{m_0} 为导弹发射高度；γ_{m_0} 为导弹发射倾角；u_t 为目标机动操控量，在目标保持原状态，即定常直线运动状态的情况下，u_t 保持为定值。在提出的基于目标机动预估的可发射区解算时，目标操控量依据相对态势实时变化。

发射时刻，目标与导弹的相对状态信息通过离轴方位角 a_{asp} 和进入角 a_{off} 进行描述。离轴方位角是指目标与导弹质心连线偏离导弹轴线的角度，进入角指目标速度方向与导弹速度方向的夹角。为了便于计算和空间表示，假设攻击机速度方向与机身轴线方向一致，将上述两个角度分别投影到水平和垂直两个方向，定义其公式为

$$\begin{cases} a_{\mathrm{asp\_y}} = \beta_0 - \psi_{m_0},\ a_{\mathrm{asp\_z}} = \varepsilon_0 - \gamma_{m_0} \\ a_{\mathrm{off\_y}} = \psi_{t_0} - \psi_{m_0},\ a_{\mathrm{off\_z}} = \gamma_{t_0} - \gamma_{m_0} \end{cases} \quad (3.2)$$

式中：β_0、ε_0 分别为发射时刻的视线偏角与视线倾角。某发射时刻，攻击机与目标的相对态势与对应角度关系如图 3.1 所示，由于发射时刻，导弹与攻击机固连，因此导弹和目标的位置角度关系与攻击机和目标机的位置角度关系是一致的。

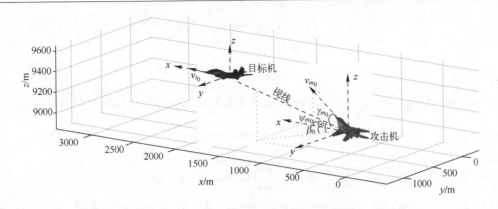

(a) 发射时刻，攻击机与目标机的空间位置关系

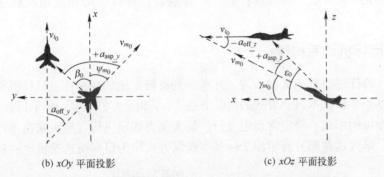

(b) xOy 平面投影　　　　　　(c) xOz 平面投影

图 3.1　某发射时刻，攻击机与目标相对位置、角度关系示意

3.2　基于追逃对抗策略的目标机动预估系统构建

如前文所述，传统的可攻击区解算时，将导弹发射后目标的运动过程看作一个静态的过程，即导弹攻击过程中，目标保持当前状态或给定的机动状态，以此进一步计算导弹可发射边界。由于未能考虑导弹发射后，目标机为摆脱导弹攻击而可能实施逃逸机动的状态实际，因而在目标飞行操控保持恒定的前提下，所解算的可发射区难以适用于无人近距空战中高动态的态势变化。为解决这一问题，必须对目标机动状态进行预估。考虑到精确预测目标的机动状态十分困难，本节从目标机动行为的角度出发，模仿人在回路中的决策方式，将导弹发射后目标机动过程视为目标机与空空导弹之间的动态博弈对抗过程，目标飞行操控量依据与导弹的相对态势动态变化，实施机动以使自身态势占优或摆脱当前导弹追踪的状态，从而将机动预估问题转化逃逸决策问题。从导弹的战术使用性能与追踪机理角度，构建基于追逃对抗策略的目标机动预估系统，实现对目标机动状态的预估。

3.2.1　目标机平台质点模型

令状态量和控制量分别为 $[x_t, y_t, z_t, v_t, \gamma_t, \psi_t]^{\mathrm{T}}$ 和 $[n_{tx}, n_{tz}, \mu_t]^{\mathrm{T}}$，构建目标机质点运动动力学模型[82]为

$$\begin{cases} \dot{x}_t = v_t \cos\gamma_t \cos\psi_t \\ \dot{y}_t = v_t \cos\gamma_t \sin\psi_t \\ \dot{z}_t = v_t \sin\gamma_t \\ \dot{v}_t = g(n_{tx} - \sin\gamma_t) \\ \dot{\gamma}_t = \dfrac{g}{v_t}(n_{tz}\cos\mu_t - \cos\gamma_t) \\ \dot{\psi}_t = \dfrac{g}{v_t \cos\gamma_t} n_{tz} \sin\mu_t \end{cases} \quad (3.3)$$

式中：(x_t, y_t, z_t) 为目标在惯性坐标系的位置；v_t、ψ_t、γ_t 分别为目标速度、航迹偏航角和航迹俯仰角；g 为重力加速度；n_{tx}、n_{tz} 分别为目标机切向和法相控制过载；μ_t 为滚转角。

3.2.2 目标机动库构建

为了准确描述目标机机动行为，并考虑到决策系统的快速性，目标机采用 NASA 学者提出的基于 7 种基本机动方式的机动方法[83]。如图 3.2 所示，基于目标机平台性能，采用极限操纵的形式，将定常稳定飞行、最大加力加速飞行、最大减速飞行、最大过载左右转弯、最大过载爬升或俯冲 7 种基本操纵方式作为目标机逃逸机动的备选项。

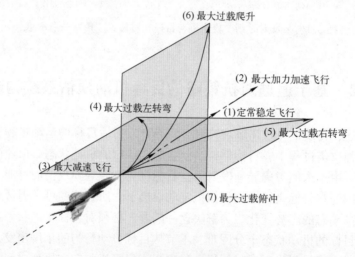

图 3.2 典型机动动作库

3.2.3 逃逸机动评价函数设计

在导弹攻击飞行过程中，导引头离轴角即动态视场角是主要限制因素，直接影响导弹的跟踪能力；受自身燃料限制，在追踪过程中消耗的时间越长，空空导弹可发挥的机动性能就越弱；一般而言，导弹脱离载机后，在自身发动机的瞬时推动下可获得更大的加速度，使导弹飞行速度远远大于目标飞行速度。因此，在目标逃逸机动过程中，应将相对角度、相对距离作为决策判断的主要态势因素。

在导弹-目标追逃机动过程中,导弹与目标间的相对位置关系如图 3.3 所示[84]。

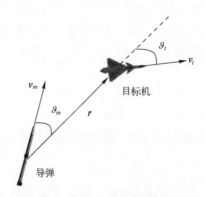

图 3.3　导弹-目标相对参数示意

图中,下标 m 表示导弹,下标 t 表示目标机;r 表示导弹与目标机的距离矢量;v_m、v_t 分别表示导弹和目标速度;ϑ_m、ϑ_t 分别表示导弹和目标机的提前角,即速度矢量与目标视线的夹角。定义:

$$\vartheta_m = \arccos \frac{\bm{r} \cdot \bm{v}_m}{\|\bm{r}\| \times \|\bm{v}_m\|}, \quad \vartheta_m \in [0°, 180°] \tag{3.4}$$

$$\vartheta_t = \arccos \frac{\vec{r} \cdot \vec{v}_t}{\|\bm{r}\| \times \|\bm{v}_t\|}, \quad \vartheta_t \in [0°, 180°] \tag{3.5}$$

$$\bm{r} = [x_t - x_m, y_t - y_m, z_t - z_m] \tag{3.6}$$

$$\bm{v}_m = \begin{bmatrix} v_m \cos\gamma_m \cos\psi_m \\ v_m \cos\gamma_m \sin\psi_m \\ V_m \sin\gamma_m \end{bmatrix}, \quad \bm{v}_t = \begin{bmatrix} v_t \cos\gamma_t \cos\psi_t \\ v_t \cos\gamma_t \sin\psi_t \\ V_t \sin\gamma_t \end{bmatrix} \tag{3.7}$$

1. 角度因子评价函数

角度因子是导弹追踪过程中最为重要的因素。目标机位于导弹动态视场角,即离轴搜索角,允许的范围内是导弹能够搜索、稳定追踪和命中目标的基本前提。目标机位置位于导弹离轴搜索范围之外,即导弹提前角大于导弹允许的动态视场角时,导弹将丢失目标。因而增大导弹提前角是目标逃逸策略的优先选项。假定导弹发射后,最大离轴搜索角为 φ_D,构建目标机逃逸决策角度因子为

$$\Phi_A = \begin{cases} \vartheta_m / (\kappa_a \cdot \varphi_D + \varepsilon), & 0° \leq \vartheta_m \leq \kappa_a \cdot \varphi_D \\ 1, & \vartheta_m > \kappa_a \cdot \varphi_D \end{cases} \tag{3.8}$$

式中:κ_a 为修正因子[85]且 $\kappa_a \geq 1$,用以提高逃逸决策的可靠性;ε 为一个很小的正常数,用于适应导弹提前角恰好等于最大离轴角的情况。

2. 距离因子评价函数

导弹在攻击过程中受多种因素限制,存在最大最小攻击距离。一方面,在追逃过程中,相对距离越大,追逃时间就越长,导弹机动优势随时间逐渐减弱;同时,目标机机动的决策时间越长,逃逸机动的准备就越充分,有利于目标机自身性能的充分发挥。另

一方面，受导引头探测信号接收能力、相对接近速度、制导指令时间要求等限制，存在最小攻击距离。当相对距离小于最小攻击距离时，导弹无法攻击目标。一般而言，考虑到人的应激行为，以及航炮等近距攻击武器的威胁，应将扩大相对距离作为逃逸策略的主要选项。因而，构建距离因子为

$$\Phi_R = \begin{cases} e^{\frac{R/\kappa_r - L_{Mfar}}{L_{Mfar}}}, & R \leqslant \kappa_r \cdot L_{Mfar} \\ 1, & R > \kappa_r \cdot L_{Mfar} \end{cases} \tag{3.9}$$

式中：$R = \|r\|$；L_{Mfar}为目标保持定常状态下的导弹最大可攻击距离[86]；κ_r为距离修正因子，且$\kappa_r \geqslant 1$。

3. 逃逸策略整体评价函数

逃逸策略整体评价函数的作用是对目标机机动方案进行评价。综合角度和距离两个决策因子，构建逃逸机动决策整体评价函数为

$$f(\Phi_A, \Phi_R) = \begin{bmatrix} w_1 & w_2 \end{bmatrix} \begin{bmatrix} \Phi_A \\ \Phi_R \end{bmatrix} \tag{3.10}$$

式中：w_1、w_2为决策因子权重，设定$w_1 > w_2$且$w_1 + w_2 = 1$。

3.2.4 基于统计学原理的逃逸机动决策方法

为了克服逃逸机动决策中，导弹位置信息不确定给目标逃逸机动决策造成的影响，采用文献[60]提出的基于统计学原理的鲁棒机动决策方法，基于当前空空导弹与目标机的状态信息，将动作库中的所有动作的控制指令送入目标机质点模型，进行机动试探，通过逃逸策略整体评价函数（期望）和各决策因子的方差综合判定，收益值最高的方案就是目标机逃逸机动即将执行的方案。其具体流程在文献[60]中有详细的论述。

图3.4给出了导弹发射时刻，在攻击机高度为8 000m、导弹发射倾角为0°、目标离轴方位角$a_{asp\_y} = a_{asp\_z} = 0°$的条件下，不同进入角的几种典型情况对应的导弹-目标的追逃机动轨迹仿真结果。其中黑色轨迹为目标逃逸机动决策下的机动轨迹，即目标机动状态的预测轨迹；灰色飞机为攻击机，灰色轨迹为基于比例导引法的空空导弹追踪轨迹。可见随目标进入角的不同，目标逃逸机动行为存在较大差异；整体来看，逃逸趋势沿扩大提前角或扩大相对距离的方向发展，这与预期结果是一致的。

所构建的目标机动状态预估系统，将导弹发射后的追踪过程视作一个追逃对抗的过程。根据当前的态势信息，通过逃逸机动整体评价函数，在基本机动动作中选择最优的控制量，实现目标机逃逸决策。通过逃逸决策的方式实现对目标逃逸机动行为的预测，最终将逃逸机动的决策结果，作为目标机机动方式的预测输出结果。基于最优值理论，所预测的目标机动轨迹对导弹追踪是最不利的，对目标机是最有利的。即便目标不采取这种方式，导弹追踪效果也将朝向更有利于导弹追踪的方向发展，对于攻击距离解算结果而言仍然是有效的。因而所构建的目标机动信息预估系统具有更广泛的意义。

第3章 典型空空导弹可发射区建模

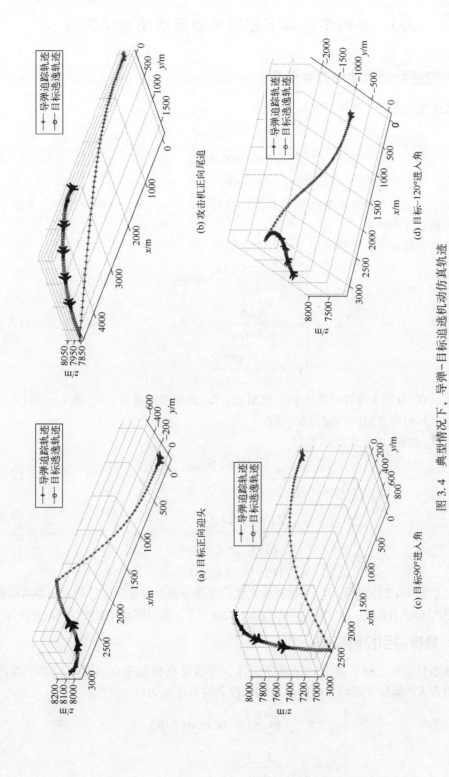

图 3.4 典型情况下,导弹-目标追逃机动仿真轨迹

3.3 多约束条件下空空导弹运动动力学建模

3.3.1 空空导弹运动动力学模型

在惯性坐标系下，导弹运动学方程为

$$\begin{cases} \dot{x}_m = v_m \cos\gamma_m \cos\psi_m \\ \dot{y}_m = v_m \cos\gamma_m \sin\psi_m \\ \dot{z}_m = v_m \sin\gamma_m \end{cases} \quad (3.11)$$

式中：(x_m, y_m, z_m) 为导弹在惯性坐标系下的坐标；v_m、γ_m、ψ_m 分别为导弹的速度、航迹俯仰角和航迹偏航角。

在弹道坐标系下，导弹的质点动力学方程为

$$\begin{cases} \dot{v}_m = \dfrac{(P_m - Q_m)g}{G_m} - g\sin\gamma_m \\ \dot{\psi}_m = \dfrac{n_{mc}g}{v_m \cos\gamma_m} \\ \dot{\gamma}_m = \dfrac{n_{mh}g}{v_m} - \dfrac{g\cos\gamma_m}{v_m} \end{cases} \quad (3.12)$$

式中：P_m、Q_m 分别为导弹的推力和空气阻力；G_m 为导弹的重量；n_{mc} 和 n_{mh} 分别为导弹在偏航方向和俯仰方向的侧向控制过载。

P_m、Q_m 和 G_m 的变化规律为

$$P_m = \begin{cases} \bar{P}, & t \leq t_w \\ 0, & t > t_w \end{cases} \quad (3.13)$$

$$Q_m = \dfrac{1}{2}\rho v_m^2 S_m C_{Dm} \quad (3.14)$$

$$G_m = \begin{cases} G_0 - G_{\sec} \cdot t & t \leq t_w \\ G_0 - G_{\sec} \cdot t_w & t > t_w \end{cases} \quad (3.15)$$

式中：t_w 为发动机工作时间；$G_{\sec}$ 为燃料秒流量；G_0 为导弹发射重量；S_m 为导弹参考横截面积；C_{Dm} 为导弹阻力系数；ρ 为空气密度，$\rho = 1.225 e^{-z/9300}$，由美国标准大气数据拟合所得[87]。

3.3.2 导弹导引控制模型

导弹参照文献[88]提出的比例导引律，并假设在相互垂直的两个控制平面内导引系数均为 K，偏航和俯仰方向的两个侧向控制过载定义为

$$\begin{cases} n_{mc} = K \cdot \dfrac{v_m \cos\gamma_t}{g}[\dot{\beta} + \tan\varepsilon \tan(\varepsilon+\beta)\dot{\varepsilon}] \\ n_{mh} = \dfrac{v_m}{g}\dfrac{K}{\cos(\varepsilon+\beta)}\dot{\varepsilon} \end{cases} \quad (3.16)$$

式中：β、ε 分别为视线偏角与视线倾角；$\dot{\beta}$、$\dot{\varepsilon}$ 分别为视线偏角和视线倾角随时间变化

的导数。结合 3.2 节相关定义，视线矢量即为距离矢量 $\boldsymbol{r}$，有 $r_x=x_t-x_m$，$r_y=y_t-y_m$，$r_z=z_t-z_m$；模值定义为 $R=\|\boldsymbol{r}\|=\sqrt{r_x^2+r_y^2+r_z^2}$。视线偏角和视线倾角及其随时间的导数可用公式定义为

$$\begin{cases} \beta=\arctan(r_y/r_x) \\ \varepsilon=\arctan(r_z/\sqrt{r_x^2+r_y^2}) \end{cases} \tag{3.17}$$

$$\begin{cases} \dot{\beta}=(\dot{r}_y r_x - r_y \dot{r}_x)/(r_x^2+r_y^2) \\ \dot{\varepsilon}=\dfrac{(r_x^2+r_y^2)\dot{r}_z - r_z(\dot{r}_x r_x + \dot{r}_y r_y)}{R^2\sqrt{r_x^2+r_y^2}} \end{cases} \tag{3.18}$$

导弹刚离开载机时，为保证载机安全和导弹顺利达到超声速、防止失控，存在非可控飞行时间 t_0。在该时间内，制导电路不产生控制指令，导弹做自由飞行；考虑导弹结构稳定性，导弹侧向需用过载不应突破导弹最大可用过载 $n_{\max}$ 限制。故导弹实际控制过载 n 表示为

$$n=\begin{cases} \begin{cases} n_1, & |n_1| \leq n_{\max} \\ n_{\max}\mathrm{sgn}(n_1), & |n_1| > n_{\max} \end{cases}, & t_0 \leq t \leq t_0+t_c \\ 0, & t<t_0 \text{ 或 } t_0+t_c<t \end{cases} \tag{3.19}$$

式中：n_1 为侧向需用过载；t_c 为导弹最大可控飞行时间。

3.3.3 导弹性能约束条件分析

导弹命中目标可定义为 $R \leq e$ 且 $t \geq t_{yx}$。其中 e 表示保证战斗部有效杀伤的脱靶量；t_{yx} 表示导弹引信解除保险时间。

导弹性能约束制约着发射区的范围，当导弹与目标的相对状态突破导弹性能约束时，将判定导弹脱靶。为了准确描述导弹的跟踪状态，基于导弹战术应用实际，对导弹性能约束分析如下：

(1) 导引头动态视场角限制。导弹发射后，当导弹-目标视线偏离导弹轴线的角度，即提前角，突破动态视场角限制时，导引头将丢失目标。同时，发射时刻，受导发架固连的影响，发射时刻最大动态视场角较发射后略小，发射时刻的提前角亦不应突破该角度限制，即

$$\begin{cases} \vartheta_{m_0} \leq \varphi_{D_0} \\ \vartheta_m \leq \varphi_D \end{cases} \tag{3.20}$$

(2) 导弹最大飞行时间 $t_{\max}$ 限制。当飞行时间大于导弹最大飞行时间时，导弹自毁，即

$$t \leq t_{\max} \tag{3.21}$$

(3) 目标影像探测距离限制。对于红外型空空导弹[89]，初始制导时刻，导弹相对目标距离小于目标影像最小探测距离 $R_{\min}$ 时，目标影像尺寸过大，调制盘寻的部分失去调制作用，不能形成探测信号，导弹失控，即

$$\begin{cases} |t-t_0| < \eta \\ R \geq R_{\min} \end{cases} \tag{3.22}$$

式中：η 为很小的数。

（4）引信最小遇靶相对接近速度 $v_{r_{\min}}$ 限制。当弹目距离 $R = 300 \sim 400\text{m}$，相对接近速度 $\dot{R}$ 小于 $v_{r_{\min}}$ 时，引信无法正常工作，即

$$\begin{cases} R < R_{rs} \\ \dot{R} \geq v_{r_{\min}} \end{cases} \tag{3.23}$$

式中：R_{rs} 为相对距离判断值。

除此之外，导弹需要满足的约束还应包括载机雷达可探测距离限制、导引头跟踪角速度限制、高度限制、导弹最小可控速度限制、战斗部有效起爆区限制等，限于篇幅，在此不做详细论述。

3.4 基于黄金分割搜索算法的可发射边界求解策略

3.4.1 黄金分割策略的解算原理

在一维搜索中，黄金分割法[90]具有不需要预先知道搜索循环次数、收敛速度快的优点，因而在描述可发射区解算问题的文献［91］中得以广泛应用。以最大可发射距离 $R_{\max}$ 为例，在目标进入角 a_{off} 及导弹发射倾角 γ_{m_0} 已知的情况下，其基本解算步骤可表述如下。

① 以攻击机为中心，在导弹离轴角允许的范围内，确定目标初始位置相对于载机的方向，即目标离轴方位角 a_{asp}。

② 预估初始搜索距离为 $[a_0, b_0]$，计算黄金分割点 $R_{g_0} = a_0 + 0.618 \times (b_0 - a_0)$。

③ 以分割点位置为目标初始位置，由所构建的目标机动预估系统实时输出目标飞行操控量 u_t；导弹由初始位置对该目标进行追踪，根据导弹性能约束判断导弹是否命中目标，本章所建的基于目标机动逃逸预估的空空导弹追踪弹道解算逻辑详见图 3.5。

④ 如命中目标，则令 $a_1 = R_{g_0}$，$b_1 = b_0$；如未命中，则令 $a_1 = a_0$，$b_1 = R_{g_0}$。重新循环计算，直到求出满足约束 $|b_i - a_i| < \delta$ 的边界为止，其中 δ 为解算精度，最终 R_{g_i} 即为当前态势下可发射距离的最大值 $R_{\max}$。最小可发射距离 $R_{\min}$ 的搜索与 $R_{\max}$ 类似，在命中目标时，令 $a_i = a_{i-1}$，$b_i = R_{g_{i-1}}$，否则令 $a_i = R_{g_{i-1}}$，$b_i = b_{i-1}$。

当前可发射区间找到后，根据实际需求改变目标离轴方位角 $a_{\text{asp\_y}}$ 及 $a_{\text{asp\_z}}$，重新循环计算，直到导弹导引头可探测的角度搜索完毕为止。其中，当 $a_{\text{asp\_y}}$ 与 $a_{\text{asp\_z}}$ 同时改变时，解算结果为导弹三维可发射包络；保持当前 $a_{\text{asp\_z}}$，在仅改变 $a_{\text{asp\_y}}$ 的情况下，解算结果为导弹的水平可发射区；同理，保持当前 $a_{\text{asp\_y}}$，在仅改变 $a_{\text{asp\_z}}$ 的情况下，解算结果为导弹的垂直可发射区[50]。一般而言，水平可发射区可满足导弹的作战使用需求。

3.4.2 黄金分割策略的简要改进办法

初始搜索距离 a_0、b_0 的取值对算法的搜索方向及边界的最终解算结果具有很大影响。由于初始搜索距离区间难以有效预估，因此存在以下两类问题，使算法的解算输出值可能为无效输出：

第 3 章 典型空空导弹可发射区建模

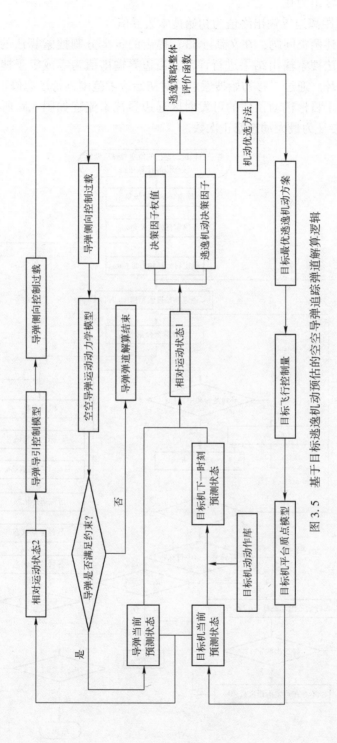

图 3.5 基于目标逃逸机动预估的空导弹追踪弹道解算逻辑

（1）存在可发射距离，但导弹始终无法命中初始位置位于黄金分割点处的目标，可发射距离终值输出为 0。

（2）可发射距离边界输出终值为初始搜索边界值。

为了解决上述两类问题，在文献［53］提出的黄金分割搜索算法的基础上，设置外层循环。对算法搜索输出结果进行评估，当边界输出值为零或等于搜索范围边界值时，执行外层循环。通过平移初始搜索点，对初始搜索范围进行动态修正，实现边界值的二次搜索。基于目标机动预估的可发射区远边界搜索流程如图 3.6 所示，图中，Δd 为动态修正距离，s 为最大动态修正次数。

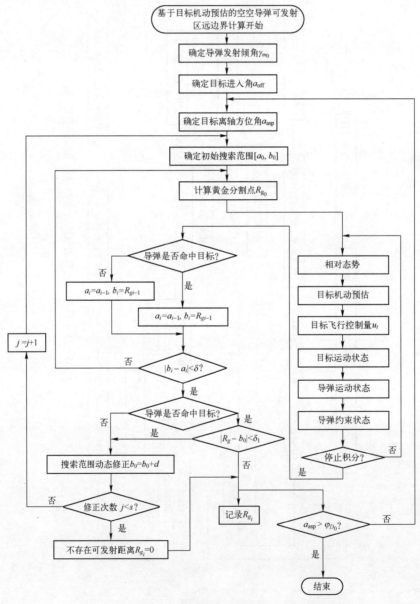

图 3.6　基于目标机动预估的可发射区远边界搜索流程

通过动态修正初始搜索范围，在 Δd 取值合理的情况下，第（2）类问题很容易解决；对于第（1）类问题，通过边界值动态重复搜索，极大地降低了导弹误判不存在可发射距离的概率。当修正次数达到最大修正次数 s 时，若仍无非零值输出，则认为在该状态下，导弹不存在可发射距离。

上述改进办法，是在无效输出的情况下修正搜索区间，对边界值进行循环重复搜索，这在算法上易于实现。由于未改变原算法根本结构，因此在修正两类无效输出的同时，保留了原有经典算法的有效特性；由于只对无效输出的情况进行二次搜索，因此可发射区的整体解算时间与原算法无太大差异，保证了解算的快速性。

3.5 模型验证与仿真分析

为了使所构建的模型及相关算法得以充分验证，仿真部分主要包括目标逃逸决策性能验证和导弹可发射范围仿真验证两部分内容。

选取某型导弹的气动参数和相关数据，导弹最大离轴发射角为 60°；发射后最大动态视场角为 70°；可控飞行时间为 20s，最大飞行时间为 27s；导弹脱靶量为 7m，近炸解除保险时间为 1.8s，最大可用过载为 40；比例导引系数 K 固定为 3。攻击机位于水平坐标原点，速度为马赫数 0.8，高度为 8km，航向角为 0°。目标机初速度为马赫数 0.8，目标机所允许的操控量变化范围为 $n_{tz}\in[0,8]$，$n_{tx}\in[-1.5,1.5]$，$\mu_t\in[-\pi,\pi]$。

在黄金分割搜索策略中，远边界初始搜索范围为 $a_0=0$km，$b_0=25$km，动态修正距离为 $\Delta d=5$km，最大修正次数 $s=10$；近边界初始搜索范围为 $a_0=0$km，$b_0=5$km，动态修正距离为 $\Delta d=0.5$km，最大修正次数 $s=8$，仿真步长为 0.2s。

1. 目标逃逸决策部分性能验证

假定导弹发射时刻，目标机与攻击机构成侧向迎头的相对态势，其中，$a_{\mathrm{asp\_y}}=30°$，$a_{\mathrm{asp\_z}}=0°$，$a_{\mathrm{off\_y}}=180°$，$a_{\mathrm{off\_z}}=0°$，$\gamma_m=0°$。

在初始相对距离分别为 $R_0=5\,000$m 和 $R_0=8\,000$m 的两组状态下，基于目标机动预估的导弹-目标的追逃机动仿真轨迹如图 3.7 所示。

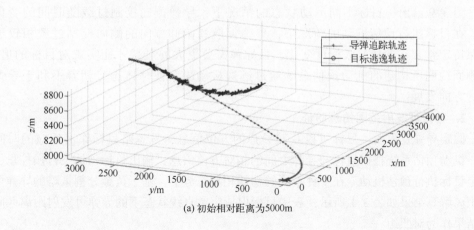

(a) 初始相对距离为5000m

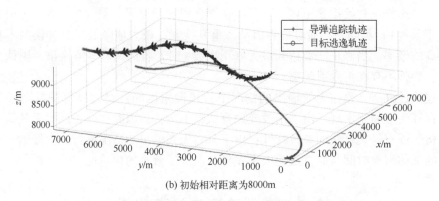

(b) 初始相对距离为8000m

图 3.7　侧向迎头条件下，导弹-目标追逃机动仿真轨迹

由于初始状态两组条件下相对角度关系一致，因而初始时刻，目标机均大致执行右转弯爬升的逃逸机动策略。$R_0 = 5\,000\text{m}$ 时，目标机高度爬升至 8 864m，仿真时间为 7.31s 时，导弹命中目标；作为比较，$R_0 = 8\,000\text{m}$ 时，目标机执行右转弯爬升+小时段俯冲+左转弯爬升的机动策略，当仿真时间为 17.23s，目标机高度爬升至 9 848.43m 时，导弹离轴角 $\vartheta_m = 70.02°$，突破自身所允许的动态视场角限制，导弹脱靶，此时导弹与目标的相对距离为 1 828.41m。同等条件，目标保持原运动状态，执行定常直线飞行的情况下，导弹分别于 6.48s 和 11.41s 命中目标，可见目标执行预估逃逸机动制约了导弹的攻击性能；对比同样执行预估逃逸机动的两组导弹追踪结果可知，导弹是否命中目标需满足初始发射距离的限制。

图 3.8 给出了上述两组状态下，目标分别执行预估机动和保持定常状态时，逃逸决策整体评价函数随时间的变化曲线。由图可知，在目标执行预估机动的情况下，评价函数值在经历了短暂的下降后，整体保持了增大的趋势，说明目标所执行的逃逸机动决策是有效的；对比目标保持定常状态的情况，在执行预估机动的条件下，评价函数值有了明显提高，进一步说明执行逃逸机动决策使整体态势朝着更有利于目标逃逸或更不利于导弹追踪的趋势发展，说明本章所构建的机动预估系统对目标机动行为的预估是有效的。图中函数存在短时间的下降趋势，这与导弹及目标的相对状态有关，具体作用机理，在此不做赘述。

图 3.9 给出了目标不同运动状态的情况下，导弹侧向控制过载随时间的变化曲线。在目标执行预估机动的情况下，导弹偏航和俯仰方向的侧向控制过载相较于目标保持定常状态的情况大幅度变化，且导弹需要更大的过载才能实现对目标的追踪，从侧面说明所构建的机动预估系统通过逃逸机动决策使整体态势朝着不利于导弹追踪的方向发展。

2. 导弹可发射范围仿真验证

假定导弹发射后，目标可以获知导弹的方位信息，且忽略目标作出反应的时间延迟，机动预估系统根据目标与导弹之间的相对方位信息，输出目标预估飞行操控量，并假定目标执行预估机动。在 9 种不同的初始相对态势下，基于黄金分割策略的导弹可发射距离解算结果如表 3.1 所示，表中目标保持定常直线状态下的导弹可发射距离区间解算结果作为对照组。

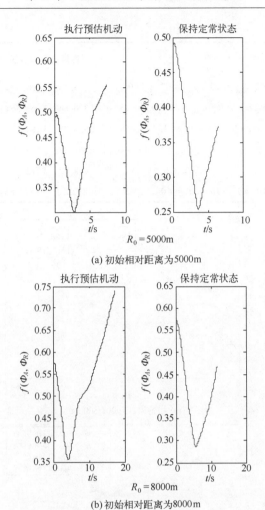

图 3.8 侧向迎头条件下，评价函数随时间的变化曲线

由表 3.1 可知，在目标执行预估机动的情况下，导弹的可发射距离在区间范围上整体小于目标保持定常直线状态的情况；其中，初始状态对应表中序号为 2、3、4、7、9 的状态情况下，基于目标机动预估的可发射距离区间内含于目标保持定常状态的情况；其余 4 种状态下，目标执行预估机动的情况下的最小可发射距离略小于保持定常状态下的最小可发射距离。从整体来看，目标执行预估机动情况下的最大可发射距离值远小于目标保持定常直线状态下的最大可发射距离值，进一步说明，目标执行预估机动有利于摆脱导弹追踪，这与前面的理论分析是一致的。

表 3.1 不同状态下的导弹可发射距离解算结果统计表

状态序号	相对状态信息	目标保持定常状态	目标执行预估机动
1	$a_{asp\_y}=0°$, $a_{asp\_z}=0°$, $a_{off\_y}=0°$, $a_{off\_z}=0°$, $\gamma_m=0°$	(363.56, 3 054.98)	(266.35, 1 499.18)
2	$a_{asp\_y}=20°$, $a_{asp\_z}=15°$, $a_{off\_y}=90°$, $a_{off\_z}=5°$, $\gamma_m=10°$	(890.56, 4 243.23)	(1 156.25, 4 141.01)
3	$a_{asp\_y}=0°$, $a_{asp\_z}=0°$, $a_{off\_y}=180°$, $a_{off\_z}=0°$, $\gamma_m=0°$	(1 332.15, 14 712.11)	(1 701.59, 5 597.35)

(续)

状态序号	相对状态信息	目标保持定常状态	目标执行预估机动
4	$a_{asp\_y}=0°,a_{asp\_z}=0°,a_{off\_y}=90°,a_{off\_z}=0°,\gamma_m=0°$	(655.19, 5564.34)	(868.69, 4573.34)
5	$a_{asp\_y}=15°,a_{asp\_z}=5°,a_{off\_y}=0°,a_{off\_z}=15°,\gamma_m=-15°$	(370.84, 3065.56)	(268.04, 2168.81)
6	$a_{asp\_y}=25°,a_{asp\_z}=-5°,a_{off\_y}=45°,a_{off\_z}=15°,\gamma_m=8°$	(320.03, 3184.17)	(261.37, 854.27)
7	$a_{asp\_y}=12.5°,a_{asp\_z}=8°,a_{off\_y}=56°,a_{off\_z}=28°,\gamma_m=0°$	(369.03, 3513.09)	(398.98, 2555.84)
8	$a_{asp\_y}=-12.5°,a_{asp\_z}=-20°,a_{off\_y}=-56°,a_{off\_z}=0°,\gamma_m=0°$	(418.72, 3472.94)	(370.15, 956.56)
9	$a_{asp\_y}=30°,a_{asp\_z}=0°,a_{off\_y}=180°,a_{off\_z}=0°,\gamma_m=0°$	(1739.16, 10879.83)	(2348.19, 5320.31)

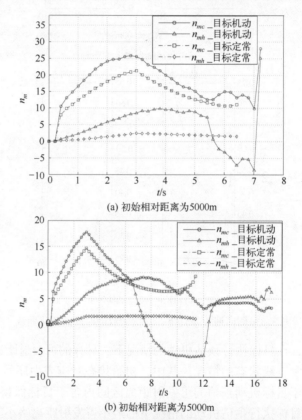

图 3.9　目标不同运动状态的情况下，导弹侧向控制过载函数随时间的变化曲线

黄金分割搜索策略是一种粗步长的试探搜索策略，且同一相对态势下，随搜索距离的不同，目标机所采取的机动逃逸策略也存在差异，这些差异是否对可发射距离的判定结果产生影响，以及影响程度如何，仍然需要仿真实验进行验证。

设计蒙特卡洛仿真实验，在相对角度的可行域范围内，随机输入20组相对初始状态，输出可发射距离的解算区间。在可发射区间内自由取值，并保证每组初始状态下，各含有20组有效值。通过400次模拟打靶仿真，验证位于对应初始位置，且执行预估逃逸机动策略的目标，导弹是否具备攻击能力。在400次模拟仿真试验中，仅有9组情况下，导弹因离轴角限制未能最终命中目标，命中率为97.75%，说明黄金分割搜索策略对于本章提出的可发射距离解算问题具有较好的适应性，解算结果具有较高的置信水平。

第3章 典型空空导弹可发射区建模

为了检验本章所构建的基于目标机动预估的可发射区，对高对抗空战尤其是无人作战条件下目标机动信息不确定问题的适应能力，再次设计蒙特卡洛打靶仿真实验，并将目标保持定常状态的可发射区作为对照组，通过命中率验证，本章所提方法对导弹命中效果的提高。仿真中，导弹速度、高度及目标的初速度等信息与前面保持一致，目标在平台允许的范围内，以随机控制量实施任意机动，且控制量在决策周期内保持恒定。为了使对比效果更为显著，选取表3.1中两种表示形式下，可发射距离值差异最大的5组状态，即状态1、3、5、7、8；每组状态下，在可发射距离解算区间内随机选取5个数值作为距离测试值；空空导弹对每一个距离测试值对应状态的目标进行10次模拟打靶测试，共计进行500次打靶仿真测试。由于两种形式的可发射区在对应状态的可发射距离区间上存在重叠，因而，在对照组测试距离选取时，主要选择与本章提出的可发射距离不重叠的区域。其中两组状态下的导弹打靶测试的统计结果如表3.2所示，仿真中，导弹对本章提出的可发射距离区间内的机动目标整体命中概率为89.6%，对照组可发射区间内的目标整体命中概率为37.6%，在概率数值上高出52个百分点；在命中水平上，位于本章提出的发射区间内的目标相较于该区间之外的目标提高138.3%，说明本章提出的可发射区更能适应空战中剧烈的态势变化，对不确定信息条件下的空战对抗过程具有更高的适应水平。

表 3.2 导弹模拟打靶测试结果统计

发射区类型	初始状态	可发射距离解算值/m	距离测试值/m	命中次数	命中率	整体命中率
本章提出的可发射区	状态3	(1 701.59, 5 597.35)	5 486.37 1 534.25 2 640.83 4 329.25 2 523.81	7 10 9 10 10	92%	89.6%
	状态5	(268.04, 2 168.81)	1 051.03 923.53 771.78 1 870.68 1 568.86	10 7 10 6 8	82%	
	...					
目标保持定常状态下的可发射区	状态3	(1 332.15, 14 712.11)	13 321.53 6 482.26 8 390.38 12 357.48 9 346.35	1 4 2 0 3	20%	37.6%
	状态5	(370.84, 3 065.56)	2 247.08 2 804.65 2 958.01 3 043.79 2 478.65	4 4 2 2 5	34%	
	...					

图3.10给出了目标90°进入角和导弹-目标迎头两组典型态势下，空空导弹水平可发射区的整体解算结果，图中左侧部分为目标保持匀速定常状态的静态可发射区，右侧

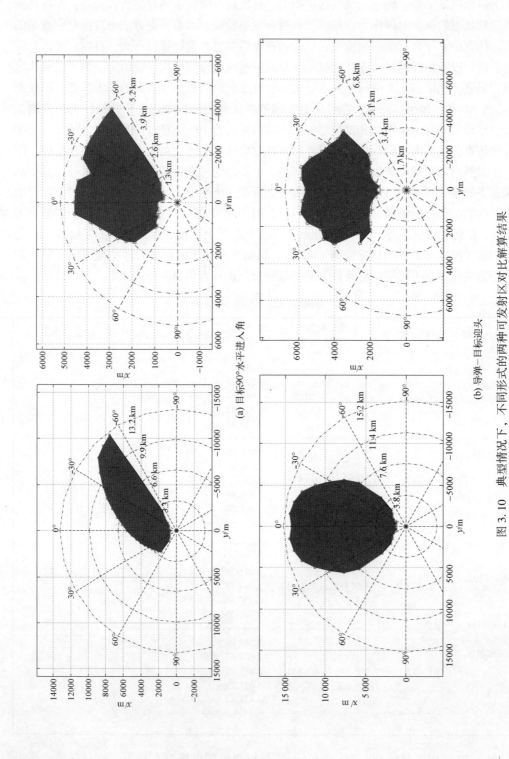

图 3.10 典型情况下，不同形式的两种可发射区对比解算结果

部分为本章提出的基于逃逸目标机动预估的导弹可发射区；靠近导弹一侧"-△-"连线代表可发射区的近边界，远离导弹一侧"-○-"连线代表可发射区的远边界，两侧实线为导弹可攻击临界值连线形成的侧边界，侧边界以外区域为导弹不可攻击的区域。由图可知，本章所提出可发射区，相较于传统的目标保持定常直线状态的静态可发射区，在可发射区域面积上有所减小，远边界向距离减小的内侧收缩，侧边界向离轴方位角减小的方向收缩，这主要是因为更大的距离使目标逃逸机动具备更大的时间裕度，有利于目标逃逸；而当离轴方位角增大时，导弹受动态视场角的影响程度也增大，从而不利于导弹的追踪，这与导弹应用实际是一致的。

3.6 本章小结

本章面向无人自主空战的条件下对空空导弹火控解算的特殊需求，提出了基于目标机动预估的导弹可发射区问题，设计了基于目标追逃对抗策略的目标机动预估系统，将导弹发射后的目标运动过程抽象为一个动态追逃对抗的过程，根据预测的目标方位信息，利用黄金分割搜索策略实现对可发射区边界的快速精确搜索。仿真结果表明：

（1）基于目标机动预估的空空导弹可发射区在攻击面积上小于传统的目标保持直线定常状态的导弹可发射区。

（2）位于本章所提出的基于目标逃逸机动预估的可发射区内的目标，导弹具有更大的命中概率。

（3）基于目标机动预估的可发射区由于对导弹发射后的目标逃逸行为进行了预估，因而相较于传统的可发射区，更能适应现代空战中剧烈的态势变化，符合现代空战，尤其是无人自主空战条件下的应用实际。

本章内容为不可逃逸区的解算问题提供了一种新的思路。

第 4 章　基于 BO-Bi-LSTM 的目标多步轨迹预测

4.1　在线滚动预测理论

4.1.1　KNNImputer 算法用于缺失数据填充

对于敌机轨迹数据，首先要进行滤波，在某些时刻由于各种环境因素影响，并未采集到敌机轨迹数据，当某些时刻的敌机轨迹缺失时，训练采用的时序数据不是均匀分布的，会导致误差增大，对于这种情况，需要根据前后轨迹进行处理。处理这些缺失值，成为数据预处理中的一个核心步骤。

Scikit-learn 机器学习经典库中的 KNNImputer[92] 是一种广泛使用的缺失值插补方法，当前在机器学习领域得到了广泛应用。

4.1.2　在线滚动递归预测

从文献［19］可知，三维坐标独立预测相较于整体预测收敛更快，精度更高，因此本章采用单序列多步预测的方法来预测敌机将来的轨迹。

滑动窗口单步预测[93]示意图如图 4.1 所示，在图中，训练集和测试集是滑动向前的，每次取一定长度的时间序列作为训练集，下一个时刻状态作为测试集，使用这种方法滚动前进，从而实现预测，其缺点是对于某一个确定的时间点，预测得到的轨迹只有下一个时间点的轨迹。

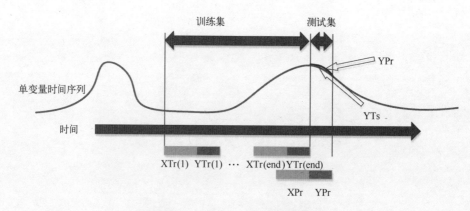

图 4.1　滑动窗口单步预测示意图

从理论上来说，为预测将来多步，采用预测单步递归预测或直接预测多步都是可行的，但是从本质上来说，直接预测多步在本质上还是预测单步，其缺点是预测误差较大，因此本章采用单步递归预测的方式，如图 4.2 所示。

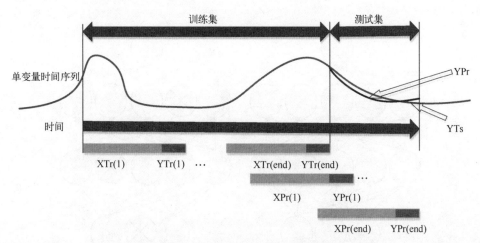

图 4.2　滑动窗口单步预测示意图

图 4.2 中，将当前时刻之前的一段时间序列作为训练集，之后的一段时间序列作为测试集，在训练集中，将时间窗口的后一位作为响应进行滚动训练。在测试集中，将整个测试集数据设为未知状态，采用训练集末端作为输入预测测试集第一个数据点 YPr(1)，而后将 YPr(1) 和训练集末端重组为 XPr(2)，用以预测下一个点 YPr(2)，这样滚动循环下去，最终实现对测试集的预测，输出 YPr，实现对目标轨迹的多步预测。随着当前时刻的前移，整个训练集和测试集也跟着移动，但是值得一提的是对于多步预测而言，训练集的长度要比单步预测长，这样才会使网络有足够多的训练样本。

时间序列预测问题是对将来未知状态的预测，但是在相当一部分文献中，在测试集的预测上，对于多步预测，测试集上滑动窗口的构造采用的是实际值，这相当于提前泄露了需要预测的测试集数据，实际上存在时间悖论[94]，因此本章采用预测值构造滑动窗口的方法。

4.1.3　dropout 层

深度神经网络训练次数增多时，往往会陷入过拟合，导致在网络训练集上表现良好，网络精度较高，但是在测试集上表现较差，精度较低。为了避免过拟合，本章加入了 dropout 层，神经网络层 dropout 是一种常用的防止过拟合的方法[95]。

在实践中，通常用如下几种方法防止过拟合情况的产生：增加训练样本、早停（即提前停止训练过程）、L1/L2 正则化、dropout 层及批标准化（Batch Normalize）等。

dropout 体现了一种继承学习的思想，在每一次训练时，网络模型都会以概率 p 随机"丢弃"一些节点，每一次"丢弃"的节点不完全相同，从而使得模型在每次训练过程中都是一个独一无二的模型，这些模型最终被集成在一个模型中。

在训练过程中，dropout 的工作机理是：在网络的前向传播过程中，以一个概率为 p 的伯努利分布随机生成与节点数相同的 0、1 值，将这些值与输入相乘，从而将部分网络节点屏蔽，在之后的时间内再次循环此操作。dropout 神经网络模型如图 4.3 所示。

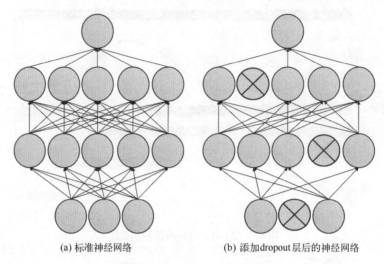

(a) 标准神经网络　　　　(b) 添加 dropout 层后的神经网络

图 4.3　dropout 神经网络模型

4.2　BO-Bi-LSTM 多步轨迹预测

4.2.1　LSTM 及 Bi-LSTM 网络

LSTM 是 RNN 网络的一种变体，RNN 由于梯度消失的影响，对较长的时序数据预测时，对于最早输入的数据不敏感[96-97]，LSTM 通过引入遗忘门、记忆门等门结构有效地解决了这个问题[98-99]。如图 4.4 所示为 RNN 网络的节点细节结构。

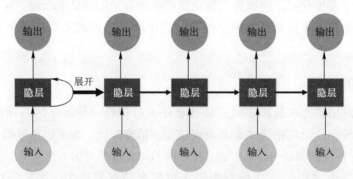

图 4.4　RNN 网络的节点细节结构

如图 4.4 所示，RNN 能通过学习多个时刻的时间序列输入，经过隐层传递后输出，适用于处理时序数据样本。

如图 4.5 所示为 LSTM 网络的结构。

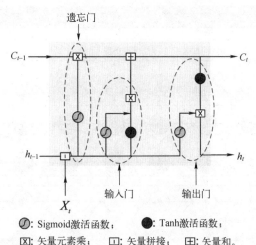

图 4.5　LSTM 网络的结构

LSTM 中的门结构包括输入门、输出门和遗忘门。其计算方法如下：

$$遗忘门：F_t = \sigma(W_f g[h_{t-1}, X_t] + b_f) \tag{4.1}$$

$$输入门：i_t = \sigma(W_i g[h_{t-1}, X_t] + b_i) \cdot \tanh(W_c g[h_{t-1}, X_t] + b_c) \tag{4.2}$$

$$输出门：O_t = \sigma(W_o g[h_{t-1}, X_t] + b_o) \tag{4.3}$$

$$h_t = O_t \cdot \tanh(C_t) \tag{4.4}$$

式中：C_{t-1} 为上一单元状态；h_{t-1} 为上一单元输出；X_t 为当前时刻网络单元的输入；C_t 和 h_t 分别为当前网络单元的状态和输出。从图 4.5 中可以看到，遗忘门决定了哪些历史信息需要保留，输入门决定了从当前步骤添加的哪些信息是相关的，输出门决定了下一个隐状态，这个隐状态是包含过往信息的，同时也用于预测。

Bi-LSTM 网络的结构如图 4.6 所示，它与 LSTM 网络构成相同，但是它对输入数据进行从左到右和从右到左的两次训练[100]。

此时 t 时刻输出为

$$\begin{aligned} \boldsymbol{h}_t &= \text{LSTM}(x_t, \boldsymbol{h}_{t-1}) \\ \boldsymbol{h}_t &= \text{LSTM}(x_t, \boldsymbol{h}_{t-1}) \\ \boldsymbol{y}_t &= g(\boldsymbol{W}_{hy}\boldsymbol{h}_t + \boldsymbol{W}_{hy}\boldsymbol{h}_t + \boldsymbol{b}_y) \end{aligned} \tag{4.5}$$

4.2.2　贝叶斯自动优化网络超参数

超参数对于机器学习算法非常重要，它们直接影响算法的性能，不同于神经网络的内部模型参数在网络训练时从数据中学习，如网络内部的权值等，超参数在网络训练之前就要设置好，传统的超参数调整是通过训练多个有不同超参数取值的网络，比较网络性能，选择最优的网络所设置的超参数作为最优超参数。

Bi-LSTM 网络的超参数包括神经网络的层数、隐含层节点数、初始学习率以及正则化因子大小等，网络超参数对于用于循环神经网络的预测性能影响很大[101]超参数优化方法能大大提高网络的精度和训练效率。

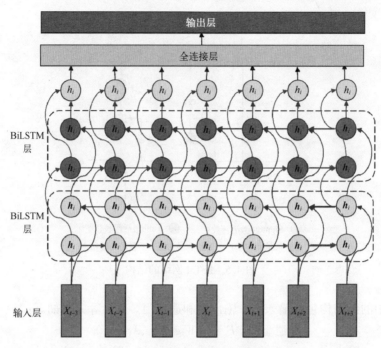

图 4.6　双层隐层 Bi-LSTM 网络结构

传统的网络超参数方法有网格搜索法和随机搜索法，其中网格搜索法是将超参数中每个变量可能的值进行排列组合，并在交叉验证后去最优性能指标的超参数，在超参数变量较多并且变化范围大时，容易造成维度灾难，计算量过大；随机搜索法通过选择一些至关紧要的超参数，进行一系列的随机组合，以获取最优超参数，然而随机搜索法的效果没有保证，可靠性不强[102]。

由于超参数优化的目标函数与自变量的关系未知，无法对其求导，因此无法应用牛顿梯度法和最速下降法等传统优化方法，而贝叶斯优化（BO）方法是能够有效解决此类问题的方法[103]。

神经网络容易陷入过拟合的情况，在训练集上 RMSE 很小，效果很好，但在测试集上效果很差，因此本章将数据分为训练集和测试集，建立以训练集 K 折交叉验证的 RMSE 最小化为目标的目标函数，通过贝叶斯优化（BO）算法对网络超参数进行自动调整，从而得到最优的网络结构。

1. 贝叶斯优化算法

贝叶斯优化算法是基于贝叶斯定理的优化算法，在优化函数上设置一个先验，并通过后续的观测来更新优化函数的后验，其优化目标是寻找未知函数 f 在采样点的最大值：

$$x* = \arg\max_{x \in A} f(x) \tag{4.6}$$

式中：A 为 x 的搜索空间；arg max 为对函数求自变量的函数，其意为当 $x = x*$ 时，$f(x)$ 为值域内的最大值。贝叶斯优化来源于贝叶斯定理，即给定证据数据 E，模型 M 的后验概率 $P(M|E)$ 与给定模型 M 的证据数据 E 的似然 $P(E|M)$ 乘以 $P(M)$ 的先验概率成比例：

$$P(M|E) \propto P(E|M)P(M) \tag{4.7}$$

式（4.7）体现了贝叶斯优化的核心思想，通过样本信息与先验概率相结合，得到后验信息，根据后验信息，根据一个准则找出 $f(x)$ 在哪里最大，该准则用效用函数 u 表示，u 用于确定下一个采样点，以获得最大目标函数值。

除了样本信息以外，贝叶斯优化还依赖于样本的先验分布，这是 $f(x)$ 函数的后验分布的计算中必须用到的元素，通常最普遍使用的先验分布是高斯过程，高斯过程具有分布灵活、易于处理的特点，因此贝叶斯优化使用高斯过程来拟合数据并更新后验分布。

贝叶斯优化算法流程可以用如表 4.1 所示的伪代码表示。

表 4.1 贝叶斯优化算法伪代码

贝叶斯优化算法：
1 For $t=1:n_{\max}$
2 通过对目标函数 f 的获取函数，获得 $x_t = \arg\max_x u(x|D_{1:t-1})$
3 对目标函数进行采样：$y_t = f(x_t)$
4 合并采用数据：$D_{1:t} = \{D_{1:t-1},(x_t,y_t)\}$，并更新目标函数 $f(x)$ 的后验
5 End For

其中 $D_{1:t-1} = \{x_n, y_n\}_{n=1:t-1}$ 为目标函数 $f(x)$ 中 $t-1$ 个已观测到的数据集，从中可以看到，整个过程主要由更新后验分布（第 3 步和第 4 步）和获取新的观测点位置（第 2 步）两个部分组成，整个过程不断循环，直到达到最大的迭代次数或者是到达预设的阈值。

2. 超参数

隐层层数过多会导致训练时间过长，并且有可能会出现过拟合的现象，因此一般深度神经网络层数不会超过 4 层。隐层节点数过多是导致"过拟合"的直接原因，节点数过少时，网络的泛化能力明显减弱，因此本章在网络节点数 50~200 之间寻找最优的隐层节点数设置。对于初始学习率，一般倾向于较小的值以保证过程的稳定性，防止出现梯度爆炸等现象，网络训练中一般为 0.01~1。L2 正则化通过一定的比例将权重进行衰减，有助于防止陷入过拟合状态，但正则化因子的值通常极小，为 $10^{-10} \sim 10^{-2}$。

目标函数：由于本章将测试集设置为未知，因此目标函数的计算不能使用测试集数据，而是采用 K 折交叉验证的误差作为目标函数，MSE 是平均平方误差性能函数，是网络性能函数。

K 折交叉验证（K-folder cross validation）是将数据集 D 划分为 K 个不同的子集，采用其中 $K-1$ 个子集作为训练集来训练网络模型，另一个子集作为验证集来评估模型优劣，多次若干轮这样的操作后得到对验证集误差取平均值，得到交叉验证误差[104]。

$$\text{MSE} = \frac{1}{m} \sum_{i=1}^{m} (y_i - \hat{y}_i)^2 \tag{4.8}$$

将 4 个网络超参数作为优化变量，创建回归网络，以最小化目标函数作为目标进行优化，20 代之后得到最优的超参数，将其输出。超参数的范围及物理意义如表 4.2 所示。

表 4.2 超参数范围及意义

超参数范围	物理意义
$x_1 \in [1, 4]$	隐层层数
$x_2 \in [50, 200]$	隐层节点数
$x_3 \in [10^{-2}, 1]$	初始学习率
$x_4 \in [10^{-10}, 10^{-2}]$	L2 正则化因子

4.2.3 滑动窗口长度确定

滑动窗口长度决定了采用时序数据的前多少个去预测下一个，当滑动窗口长度过长时，其内部的特征过多，对输出会造成干扰，由于飞行轨迹与长时间之间的关系不大，而与近几秒的轨迹相关性非常密切，因此需要选取一个合适的滑动窗口长度，本章分别设置滑动窗口长度为 20、18、15、13、10、8、5，得到其预测 5s 后的预测误差 RMSE 如图 4.7 所示。

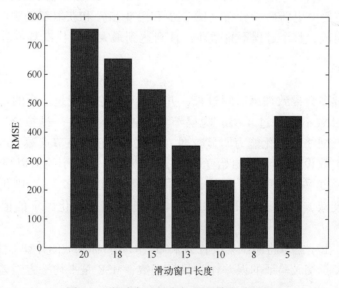

图 4.7 滑动窗口长度与预测精度关系图

从图 4.7 中可以看出，滑动窗口太大时，预测误差 RMSE 明显偏大，其原因主要是窗口长度太大，特征过多，导致构成的矩阵中的元素互相影响，构成复杂的耦合，容易导致滑动窗口前段对预测值造成不良影响，而滑动窗口太小时，神经网络训练时，输入没有体现趋势，因此容易导致模型不拟合，因此，本章采用滑动窗口长度为 10。

4.3 仿真实验与分析

本章采用 ACMI 输出轨迹信息作为数据来源，采用分别训练预测的方法将 x、y、z 轴数据进行分别预测，本章采用一段数据长为 600 的轨迹数据作为仿真数据集，每个轨迹点的采样步长为 0.1s，飞行器的三维轨迹如图 4.8 所示。

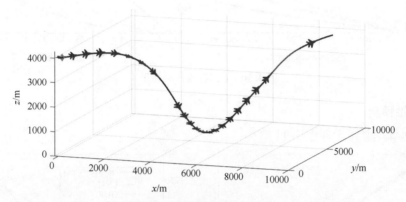

图 4.8　滚动机动三维轨迹图

在线滚动预测过程中，采用需要预测的轨迹段前 100 个数据点作为训练数据，设置为训练集，将后 50 个数据点设置为需要预测的值，设置为测试集，并且在预测过程中采用在线滚动递归预测方法，将测试集数据设置为未知状态。

为验证本章的方法，采用 LSTM、GRU、BP 以及 BO-Bi-LSTM 方法进行对比分析，在图 4.8 中选择两段三维变化比较剧烈的轨迹进行展示，得到三维坐标预测结果如下。

4.3.1　第一段轨迹

1. x 轴预测

x 轴轨迹预测结果如图 4.9 所示。

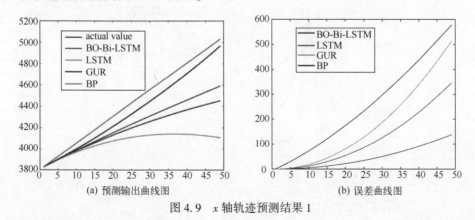

(a) 预测输出曲线图　　　　　　　(b) 误差曲线图

图 4.9　x 轴轨迹预测结果 1

2. y 轴预测

y 轴轨迹预测结果如图 4.10 所示。

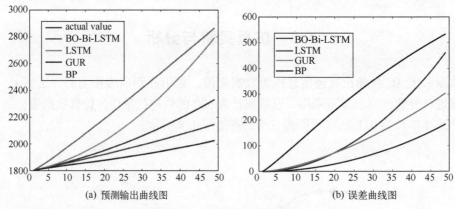

图 4.10 y 轴轨迹预测结果 1

3. z 轴预测

z 轴轨迹预测结果如图 4.11 所示。

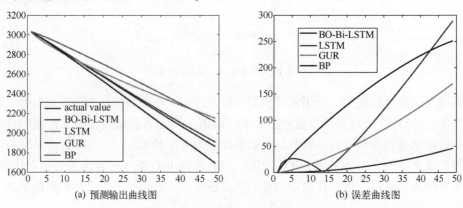

图 4.11 z 轴轨迹预测结果 1

由图 4.12 可知,在 x、y、z 三个轴的独立预测上,BO-Bi-LSTM 的误差均为最小,

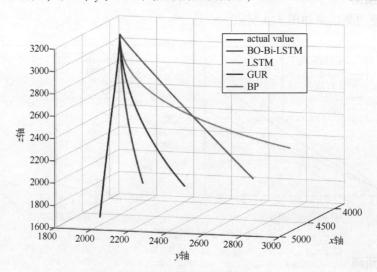

图 4.12 三维轨迹预测结果 1

与真实值最为接近，LSTM与GRU网络在三个轴上的预测互有优劣，总体相近，BP网络预测效果最差。在三个轴的独立预测上四种预测方法的预测误差都呈现逐渐放大的趋势，其主要原因是预测时长越久，采用滑动窗口递归预测的误差会不断叠加，导致误差持续增大。

从图4.13的三维轨迹来看，BO-Bi-LSTM的预测轨迹略微偏右；GRU网络的预测轨迹明显相较于BO-Bi-LSTM网络更偏右；GRU网络的预测轨迹明显偏左；BP网络的预测轨迹明显偏上。从三维预测误差来看，BO-Bi-LSTM误差最小，误差能维持在300m内，而LSTM和GRU网络的预测误差会逐步放大到600m，BP网络会放大到800m，如果以200m作为预测误差阈值，BO-Bi-LSTM能保持预测4.5s左右，LSTM和GRU能保持预测2.5s左右，BP网络能保持预测1.5s左右。

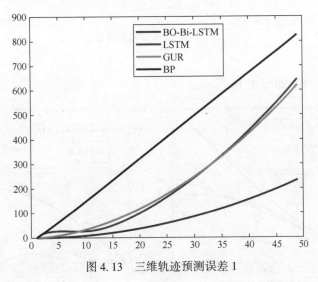

图4.13 三维轨迹预测误差1

4.3.2 第二段轨迹

1. x 轴预测

x 轴轨迹预测结果如图4.14所示。

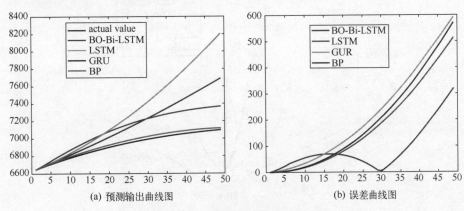

(a) 预测输出曲线图　　　　　(b) 误差曲线图

图4.14 x 轴轨迹预测结果2

2. y 轴预测

y 轴轨迹预测结果如图 4.15 所示。

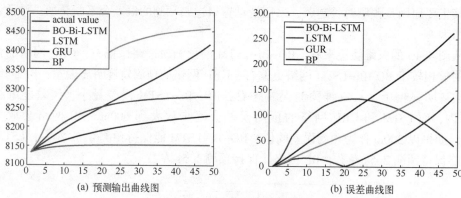

图 4.15 y 轴轨迹预测结果 2

3. z 轴预测

z 轴轨迹预测结果如图 4.16 所示。

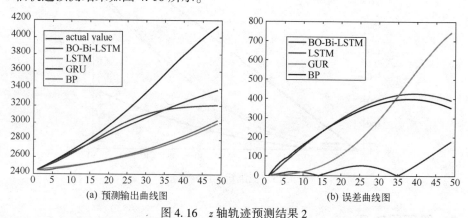

图 4.16 z 轴轨迹预测结果 2

由图 4.17 可知,在 x、y、z 三个轴的独立预测上,相较于其他方法,BO-Bi-LSTM

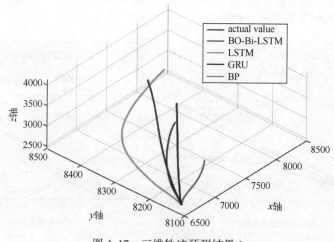

图 4.17 三维轨迹预测结果 1

的误差均最小。在 x 轴上，其余三种方法的预测轨迹的误差相近；在 y 轴上，GRU 和 BP 网络的预测误差在逐渐变大，而 LSTM 网络的预测误差在快速增大后减小；在 y 轴上，LSTM 和 BP 网络的预测误差相近，而 GRU 网络预测误差在 2s 前较小，但 2s 后快速增大。

从图 4.18 三维轨迹中可以看出随着时间增长，预测曲线与实际轨迹的差距越来越大，BO-Bi-LSTM 预测出来的轨迹基本上在 4s 的时间内的误差小于 200m，能较好地贴住真实轨迹，但 4.5s 之后呈现发散效果。LSTM 和 BP 误差较大，在 1.5s 以内能贴合住轨迹，之后呈现发散效果，GRU 在近 2s 内误差小于 200m，但之后误差持续增大。综上所述，BO-Bi-LSTM 预测得出的轨迹能最长时间贴合真实轨迹，在误差小于 200m 以内的精度能预测 4.5s 左右，其余方法均劣于 BO-Bi-LSTM。

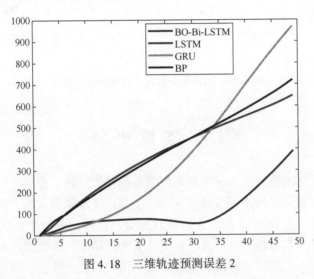

图 4.18　三维轨迹预测误差 2

4.3.3　网络超参数优化结果

如表 4.3 所示为贝叶斯优化得到的网络超参数值，从表中可以看到，优化得到的 Bi-LSTM 网络隐层层数为 2，隐层节点数为 95，初始学习率为 0.01978，L2 正则化因子为 4.238×10^{-5}，因此 4 个网络超参数的值均在约束范围内。

表 4.3　优化得到的超参数值

x_1	x_2	x_3	x_4
2	95	0.01978	4.238×10^{-5}

如图 4.19 所示为贝叶斯优化迭代 20 次的收敛曲线图，从图中可以看到，贝叶斯优化过程包括了估计目标值和观测目标值，二者近似，在算法获取观测值后，对后验进行更新，采用准则获取下一步估计的目标位置，也就是估计值，从图中可以看到，估计的最小目标值在某些时刻有上升，这是因为贝叶斯优化算法在当前观测到的最小目标值附近进行搜索，说明贝叶斯优化算法能有效地跳出局部最优。

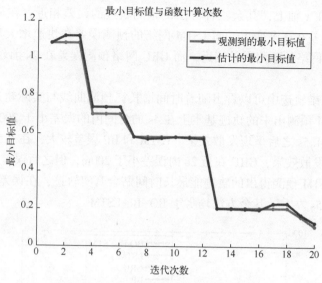

图 4.19 网络超参数优化目标函数曲线图

4.4 本章小结

本章将轨迹预测问题转化为三维时间序列数据预测问题，提出了一种贝叶斯优化超参数的双向长短时域记忆网络多步预测方法。①分析滑动预测方法，提出了滑动窗口递归预测理论；②引入了 dropout 层防止网络过拟合，提高预测效果；③利用贝叶斯优化方法自动对网络超参数进行寻优，进一步提高了预测精度；④把滑动窗口长度作为自变量，在经典滑动窗口长度中寻找预测精度的滑动窗口长度；⑤在一段三维坐标变化剧烈的典型机动动作上进行轨迹预测，与三种神经网络预测方法进行对比，仿真结果证明贝叶斯优化超参数的双向长短时域记忆网络多步预测方法在预测精度上高于对比的几种方法，在三维轨迹误差小于 200m 以内的精度能持续预测 4.5s 左右。

第5章 基于典型战术机动动作的机动轨迹规划方法

5.1 UCAV试探机动决策系统的构建原理

一个完整的UCAV空战机动决策系统[105]应包括机动动作库、机动决策评价函数、态势评估与决策权值判定逻辑三部分内容。首先将UCAV空战机动过程分割划分成彼此毗邻的离散的时间域；在每个时间域内，基于所构建的机动决策评价函数和态势评估判定准则，根据当前态势下，UCAV与敌方相对状态信息，从机动动作库中优选出当前状态下UCAV应该采用的最优机动策略；通过执行最优机动策略，完成该时域内的UCAV机动飞行。在每个时域内重复上述决策过程，直到构成空空导弹的发射条件，决策终止。所有时域内，UCAV所执行机动的叠加就是UCAV的最终飞行轨迹。

在试探机动动作库的构建过程中，最典型的是采用NASA学者提出的7种基本操纵动作，包括稳定飞行、最大加速、最大减速、最大过载左转弯、最大过载右转弯、最大过载爬升、最大过载俯冲。这种机动动作库构建方式采取极限操控的bang-bang控制的形式，不符合真实的空战机动过程；采用7种基本操纵形式，可供选择的机动空间过小，难以表征复杂的空战对抗过程。虽然文献[106]通过更为精细的划分方式将该类机动动作库扩充到45种，但由于仍然采用由法向过载、切向过载和滚转角控制的，不考虑UCAV推力大小及气动参数的简化三自由度模型，因此难以体现出UCAV真实的运动学和动力学特性，例如，当UCAV爬升时，UCAV应该减速，但在决策过程中对于如何保证减速、减速的幅度有多大、减速的机理如何，简化的三自由度模型难以体现。为此本章将构建包含有升力、阻力等气动力以及发动机实际推力的高耦合三自由度运动动力学模型，采用F-4"鬼怪式"战斗机的相关参数及气动数据进行UCAV试探决策系统的构建，以保证决策的真实性和高可靠性；通过设计精细的决策控制量以保证机动决策的可执行性；为充分体现空空导弹的作战使用实际，本章基于当前态势下空空导弹火控解算结果，根据空空导弹的战术使用性能和导弹可发射距离解算值构建包含角度、距离、能量决策因子的机动决策评价函数；基于当前态势下的空空导弹攻击状态实际进行态势评估，设计基于导弹攻击状态评估的权重因子分级模型，使决策因子的权值可以依据导弹攻击状态变化自适应改变，以实现UCAV最优机动占位和导弹战术使用性能的充分发挥。综上，本章构建的试探机动决策系统的逻辑构成如图5.1所示。

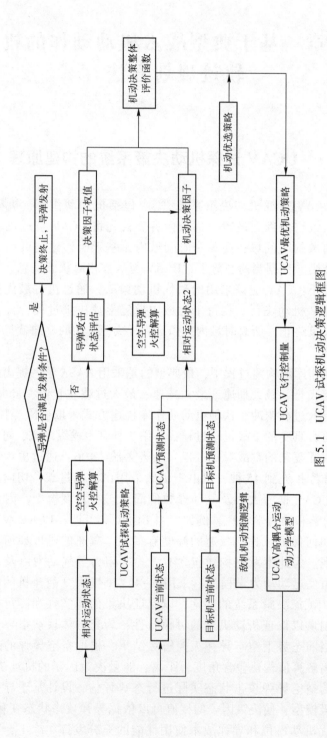

图 5.1 UCAV 试探机动决策逻辑框图

5.2 UCAV 试探机动决策系统的构建

5.2.1 多约束条件下 UCAV 运动动力学建模

UCAV 采用包含气动耦合关系三自由度运动动力学模型，控制量 $\boldsymbol{u}=[\alpha,\mu,\delta]^\mathrm{T}$，$\alpha$、$\mu$、$\delta$ 分别表示迎角、航迹滚转角和油门设置；状态量 $\boldsymbol{X}=[x,y,h,v,\gamma\psi,m]^\mathrm{T}$，其中 (x,y,h) 表示 UCAV 在惯性坐标系下的坐标，v 表示 UCAV 速度，γ、ψ、m 分别表示 UCAV 的航迹倾角、航迹偏角及 UCAV 质量。为了区分 UCAV 与敌机，使用了下标 u 和 t。模型的参数定义如图 5.2 所示。

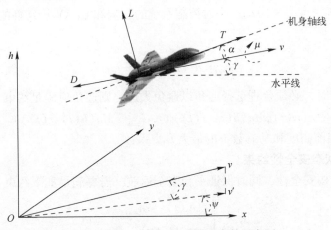

图 5.2 UCAV 运动动力学模型参数示意图

在忽略随机风场的影响的条件下，模型可公式定义为

$$\begin{cases}\dot{x}=v\cos\gamma\cos\psi\\ \dot{y}=v\cos\gamma\sin\psi\\ \dot{h}=v\sin\gamma\\ \dot{v}=\dfrac{T\cos\alpha-D}{m}-g\sin\gamma\\ \dot{\gamma}=\dfrac{(L+T\sin\alpha)\cos\mu}{mv}-\dfrac{g}{v}\cos\gamma\\ \dot{\psi}=\dfrac{(L+T\sin\alpha)\sin\mu}{mv\cos\gamma}\\ \dot{m}=-cT,T=\delta T_{\max}(\bar{v},h_c)\\ L=\dfrac{1}{2}\rho v^2 SC_L,D=\dfrac{1}{2}\rho v^2 SC_D\end{cases} \quad (5.1)$$

式中：g 为重力加速度；T、D、L 分别为发动机推力、空气阻力、升力；$\rho=1.225\mathrm{e}^{-\frac{h}{9300}}$ 为空气密度；S 为 UCAV 参考截面积；C_L、C_D 分别为升力系数和阻力系数；c 为燃料消耗系数；$T_{\max}$ 为发动机最大推力[107]。

为保证战术机动实施时的平台可飞行，考虑基本状态约束如下：

1. 飞行包线约束[108]

考虑到 UCAV 飞控能力的限制，对伪控制量及其多阶倒数进行约束：

$$\begin{cases} \gamma_{\min} \leqslant \gamma(t) \leqslant \gamma_{\max}, \mu_{\min} \leqslant \mu(t) \leqslant \mu_{\max} \\ \alpha_{\min} \leqslant \alpha(t) \leqslant \alpha_{\max}, 0 \leqslant \delta(t) \leqslant 1 \\ |\dot{\alpha}(t) + \dot{\gamma}(t)\cos\mu(t) + \dot{\psi}(t)\cos\gamma(t)\sin\mu(t)| \leqslant Q_{\max} \\ |\dot{\mu}(t)| \leqslant P_{\max}(\alpha(t), h(t), Ma(h(t), v(t))) \\ |\ddot{\alpha}(t)| \leqslant \ddot{\alpha}_{\max}, |\ddot{\mu}(t)| \leqslant \ddot{\mu}_{\max} \end{cases} \tag{5.2}$$

在飞行力学问题中，动压头是最重要的特征量之一，所有气动力和力矩都与其成比例[109]。ρ 为大气密度，考虑动压头对控制系统的影响和 UCAV 稳定性的要求[110]，需满足如下约束条件：

$$\frac{1}{2}\rho(h(t))v^2(t) \leqslant q_{\max} \tag{5.3}$$

当速度一定时，必须合理选择迎角以避免失速，则迎角应满足约束

$$C_L(\alpha(t), Ma(h(t), v(t))) \leqslant C_{L,\max}(Ma(h(t), v(t))) \tag{5.4}$$

式中：$C_{L,\max}$ 为当前高度和马赫数下的最大升力系数。

2. UCAV 状态安全性约束

考虑平台结构安全性，同时保证平台安全返航，需要满足如下约束：

$$\begin{cases} |n_z(t)| \leqslant n_{\max} \\ m(t) \geqslant m_{\min} \\ v_{\min} \leqslant v_u(t) \leqslant v_{\max} \\ h_{\min} \leqslant h(t) \leqslant h_{\max} \end{cases} \tag{5.5}$$

式中：n_z 为 UCAV 法向过载，有 $n_z = \dfrac{T\sin\alpha + L}{mg}$；$n_{\max}$ 为确保机体结构安全性的法向过载最大值；$m_{\min}$ 为携带最小安全燃油量的 UCAV 质量；$v_{\min}$ 和 $v_{\max}$ 分别为 UCAV 的最大和最小速度；$h_{\min}$ 为确保安全飞行的最低飞行高度；$h_{\max}$ 为平台允许的最大爬升高度。

为了保证模型的准确性，书中 UCAV 平台采用 F-4 战斗机的相关参数和气动数据，其具体参数如表 5.1 所示。

表 5.1 UCAV 性能参数表

空重 m/kg	参考翼面积 S/m²	燃油消耗系数 c/10⁻⁶	升限 $h_{\max}$/km
14680	49.24	6.377551	20000
$[v_{u_{\min}}, v_{u_{\max}}]$/(m/s)	$[\psi_{\min}, \psi_{\max}]$/(°)	$[\gamma_{\min}, \gamma_{\max}]$/(°)	$[\mu_{\min}, \mu_{\max}]$/(°)
[82,590]	[-180,180]	[0,360]	[-90,90]
$[\alpha_{\min}, \alpha_{\max}]$/(°)	$[\dot{u}_{\min}, \dot{u}_{\max}]$/(°/s)	$[\dot{\alpha}_{\min}, \dot{\alpha}_{\max}]$/(°/s)	$n_{\max}$
[-10,30]	[-30,30]	[-5,5]	≤6.8

当 $\alpha \leq 15°$ 时，基于 F-4 战斗机的实际气动数据，拟合得到 UCAV 的升力系数和阻力系数的计算公式为

$$C_L = (-0.0434+0.1369\alpha)\sin\alpha + (0.131+3.0825\alpha)\cos\alpha \qquad (5.6)$$

$$C_D = (0.0434-0.1369\alpha)\cos\alpha + (0.131+3.0825\alpha)\sin\alpha \qquad (5.7)$$

基于 F-4 战斗机所搭载的两台 J-79 涡喷发动机的相关数据[111]，拟合出 UCAV 发动机最大可用推力计算公式为

$$\boldsymbol{T}_{\max} = \begin{bmatrix} 1 \\ \bar{v}_u \\ \bar{v}_u^2 \\ \bar{v}_u^3 \\ \bar{v}_u^4 \end{bmatrix}^{\mathrm{T}} \begin{bmatrix} 30.21 & -0.668 & -6.877 & 1.951 & -0.1512 \\ -33.80 & 3.347 & 18.13 & -5.865 & 0.4757 \\ 100.80 & -77.56 & 5.441 & 2.864 & -0.3355 \\ -78.99 & 101.40 & -30.28 & 3.236 & -0.1089 \\ 18.74 & -31.60 & 12.04 & -1.785 & 0.09417 \end{bmatrix} \begin{bmatrix} 1 \\ h_c \\ h_c^2 \\ h_c^3 \\ h_c^4 \end{bmatrix} \qquad (5.8)$$

式中：$\bar{v}_u$ 为 UCAV 的飞行马赫数；h_c 为 UCAV 的转换飞行高度，单位为 10 000ft（3 048m）；$T_{\max}$ 的单位是 1 000lb（4 436.26N）。

综上可知，该模型升力、阻力系数与迎角大小相互耦合；最大推力与速度、高度大小相互耦合，可见该模型是一个高度耦合的模型。由于考虑了气动力、推力及 UCAV 质量变化，该模型相较于常用的三自由度模型（式5.9），更加接近实际，具有更高的应用价值。同时，由于需要考虑大量的耦合过程，模型的控制过程也更为困难。

$$\begin{cases} \dot{x} = v\cos\gamma\cos\chi \\ \dot{y} = v\cos\gamma\sin\chi \\ \dot{h} = v\sin\gamma \\ \dot{v} = g(n_x - \sin\gamma) \\ \dot{\gamma} = \dfrac{g}{v}(n_z\cos\mu - \cos\gamma) \\ \dot{\psi} = \dfrac{g}{v\cos\gamma}n_z\sin\mu \end{cases} \qquad (5.9)$$

5.2.2 UCAV 试探机动控制量优化设计

UCAV 的机动控制过程是通过寻找当前状态下的最优控制量，使得决策评价函数的收益值最大。假设当前时域内 UCAV 的飞行控制量 $\boldsymbol{u}_k = [\alpha_k, \mu_k, \delta_k]^{\mathrm{T}}$，下一时域初始时刻的飞行控制量 $\boldsymbol{u}_{k+1}$ 需要通过优化方法求得。控制量 $\boldsymbol{u}_{k+1}$ 在该时域内保持恒定，且使得预测状态下，时域终止时刻 UCAV 具有最大的优势。为了减少优化过程的搜索空间，提高优化效率，以飞行控制量的变化率 $\Delta\boldsymbol{u}_k = [\Delta\alpha_k, \Delta\mu_k, \Delta\delta_k]^{\mathrm{T}}$ 为优化对象[112]，通过遍历试探的方法，在给定的梯度空间内寻找最优的控制量变化率 $\Delta\boldsymbol{u}_k^* = [\Delta\alpha_k^*, \Delta\mu_k^*, \Delta\delta_k^*]^{\mathrm{T}}$，使得决策评价函数的收益值最大，则下一时域内的飞行控制量 $\boldsymbol{u}_{k+1} = [\alpha_k + \Delta\alpha_k^*, \mu_k + \Delta\mu_k^*, \delta_k + \Delta\delta_k^*]^{\mathrm{T}}$。

为了简化搜索流程，提高机动决策的快速性，控制量变化率备选值通过等距梯度的方法提前给定；为保证控制量的平稳过渡，对飞行控制量进行精细划分，每个控制量在 UCAV 允许的范围内设置 11 个梯度的待选方案，共计 $11^3 = 1331$ 种试探机动方案。迎

角、航迹滚转角和油门设置 3 个飞行控制量的梯度变化值分别设置为

$$\Delta\alpha_k \in \left\{ \begin{array}{l} \Delta\alpha_{k,\min}, \Delta\alpha_{k,\min}/2, \Delta\alpha_{k,\min}/4, \Delta\alpha_{k,\min}/8, \Delta\alpha_{k,\min}/10, 0, \\ \Delta\alpha_{k,\max}/10, \Delta\alpha_{k,\max}/8, \Delta\alpha_{k,\max}/4, \Delta\alpha_{k,\max}/2, \Delta\alpha_{k,\max} \end{array} \right\} \quad (5.10)$$

$$\Delta\mu_k \in \left\{ \begin{array}{l} \Delta\mu_{k,\min}, \Delta\mu_{k,\min}/2, \Delta\mu_{k,\min}/4, \Delta\mu_{k,\min}/8, \Delta\mu_{k,\min}/10, 0, \\ \Delta\mu_{k,\max}/10, \Delta\mu_{k,\max}/8, \Delta\mu_{k,\max}/4, \Delta\mu_{k,\max}/2, \Delta\mu_{k,\max} \end{array} \right\} \quad (5.11)$$

$$\Delta\delta_k \in \left\{ \begin{array}{l} \Delta\delta_{k,\min}, \Delta\delta_{k,\min}/2, \Delta\delta_{k,\min}/4, \Delta\delta_{k,\min}/8, \Delta\delta_{k,\min}/10, 0, \\ \Delta\delta_{k,\max}/10, \Delta\delta_{k,\max}/8, \Delta\delta_{k,\max}/4, \Delta\delta_{k,\max}/2, \Delta\delta_{k,\max} \end{array} \right\} \quad (5.12)$$

式中：下标 min 和 max 分别表示控制量变化率允许的最小值和最大值。

5.3 空战机动决策评价函数构建

空战机动决策评价函数的目的：通过评价函数的构建，导引 UCAV 稳定接敌和有效攻击占位，保持自身态势优势；充分发挥武器系统的战术使用性能；在保证自身安全的同时，快速消灭目标。基于空空导弹的作战使用实际，本节将构建包含角度、距离和能量决策因子的决策评价函数，以期符合空战实际，并力图使 UCAV 获得最大的态势优势。

5.3.1 空战过程中的相对位置关系表述

在进行相对状态计算及导弹可发射区间值计算时，为了简化计算过程，本节忽略迎角对相对状态产生的影响，即认为速度方向与 UCAV 机身轴线的方向保持一致。某态势下，UCAV 与目标机的相对位置关系，如图 5.3 所示。图中，R 代表 UCAV 与目标机之间的相对距离矢量；ϑ_u、ϑ_t 分别表示 UCAV 和目标机偏离距离矢量的夹角，分别定义为 UCAV 和目标机的提前角[113]；v_u 和 v_t 分别表示 UCAV 和目标机速度大小。

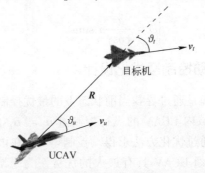

图 5.3 空战中 UCAV 与目标机的相对位置关系示意

假设 UCAV 和目标机位置坐标分别为 (x_u, y_u, h_u) 和 (x_t, y_t, h_t)，存在如下对应关系：

$$R = [x_t - x_u, y_t - y_u, h_t - h_u] \quad (5.13)$$

$$\vartheta_u = \arccos \frac{R \cdot v_u}{\|R\| \times \|v_u\|}, \quad \vartheta_u \in [0°, 180°] \quad (5.14)$$

$$\vartheta_t = \arccos \frac{R \cdot v_t}{\|R\| \times \|v_t\|}, \quad \vartheta_t \in [0°, 180°] \quad (5.15)$$

$$\boldsymbol{v}_u = \begin{bmatrix} v_u \cos\gamma_u \cos\psi_u \\ v_u \cos\gamma_u \sin\psi_u \\ V_u \sin\gamma_u \end{bmatrix} \tag{5.16}$$

$$\boldsymbol{v}_t = \begin{bmatrix} v_t \cos\gamma_t \cos\psi_t \\ v_t \cos\gamma_t \sin\psi_t \\ V_t \sin\gamma_t \end{bmatrix} \tag{5.17}$$

空战交战过程中，根据 UCAV 与目标机提前角的不同，从 UCAV 的角度看，可以将空战过程中的态势关系[114]简单分为均势、优势、劣势、相互不利 4 种，如图 5.4 所示，4 种态势可通过表 5.2 所示的角度关系判定。

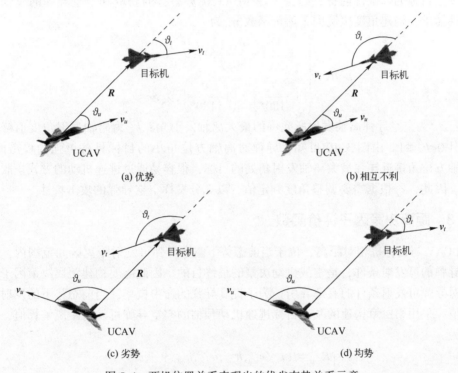

图 5.4 两机位置关系表现出的优劣态势关系示意

空战决策的目的就是通过机动决策过程，使 UCAV 保持优势态势局面，或者在均势或劣势条件下，通过策略调整，使 UCAV 保持优势态势。显然，在优势态势下，攻击机具有更为高效灵活的机动选择，从而以更大的概率战胜目标。

表 5.2 提前角与空战态势判定

UCAV 提前角 ϑ_u	目标提前角 ϑ_t	语言表述
$0° \leq \vartheta_u < 90°$	$0° \leq \vartheta_t \leq 90°$	UCAV 优势
$0° \leq \vartheta_u < 90°$	$90° < \vartheta_t \leq 180°$	UCAV 与目标机互为不利
$90° \leq \vartheta_u \leq 180°$	$90° < \vartheta_t \leq 180°$	UCAV 处于劣势
$90° \leq \vartheta_u \leq 180°$	$0° \leq \vartheta_t \leq 90°$	UCAV 与目标机互为均势

5.3.2 角度决策因子评价函数

角度决策因子[115]是空战机动决策中最重要的机动评价指标之一,通过优化和调和UCAV与目标机之间的相对角度关系,使UCAV满足尾后攻击的优势态势,既可以保证UCAV免受目标攻击,保证自身安全,也有助于发挥空空导弹作战使用性能。结合第2章相关内容,现役第三代空空导弹具有全向攻击、离轴发射的特性[116],在UCAV提前角满足导弹离轴发射角的条件下,空空导弹即可完成瞄准、锁定过程。因而现代空战条件下,UCAV并不一定以纯跟踪的形式使机头直接瞄准目标[117]。因此,保证UCAV提前角在导弹离轴发射角(即导弹发射前动态视场角)允许的范围内是导弹能够稳定瞄准、锁定目标的基础性前提;综合考虑UCAV优势态势的获取和空空导弹的离轴攻击的特性需求,构建角度决策因子评价函数 η_A 为

$$\eta_A = \begin{cases} 1 \cdot \left(1 - \dfrac{\vartheta_t}{180°}\right), & 0 \leq \vartheta_u \leq k_a \varphi_{D_0} \\ \left(1 - \dfrac{\vartheta_u}{180°}\right) \cdot \left(1 - \dfrac{\vartheta_t}{180°}\right), & \vartheta_u > k_a \varphi_{D_0} \end{cases} \quad (5.18)$$

式中: φ_{D_0} 为空空导弹离轴发射所允许的最大离轴发射角; k_a 为离轴发射角度值修正参数,且 $0 < k_a \leq 1$。由图3.10可知,导弹对离轴方位角小的目标具备更强的攻击能力,且离轴方位角接近导弹最大离轴发射角处的目标,很容易通过逃逸机动的方式摆脱导弹攻击。因此, k_a 根据需要调整角度判定值,以充分发挥空空导弹的攻击特性。

5.3.3 距离决策因子评价函数

UCAV与目标机相对距离,位于当前态势下空空导弹可发射距离区间范围内,构成空空导弹的可发射条件,是空战机动决策的最终目的。因此需要构建距离决策因子,以实现对导弹可发射条件的有效导引。为了提高导弹的命中概率,当前态势下的发射距离判断值,采用第二章构建的基于目标逃逸机动预估的空空导弹可发射距离解算值,模型定义为

$$\begin{cases} R_{\max} = f(v_{t_0}, v_{m_0}, h_{m_0}, a_{\text{asp}}, a_{\text{off}}, \gamma_{m_0}, u_t) \\ R_{\min} = f(v_{t_0}, v_{m_0}, h_{m_0}, a_{\text{asp}}, a_{\text{off}}, \gamma_{m_0}, u_t) \end{cases} \quad (5.19)$$

式中: $R_{\min}$ 和 $R_{\max}$ 分别为当前态势下空空导弹可发射距离的最大值和最小值。构建距离决策因子[118] η_R 为

$$\eta_R = \begin{cases} e^{\frac{R - R_{\min}}{R_{\min}}}, & R < R_{\min} \\ 1, & R_{\min} \leq R \leq R_{\max} \\ e^{\frac{R_{\max} - R}{R_{\max}}}, & R > R_{\max} \end{cases} \quad (5.20)$$

式中: $R = \|\boldsymbol{R}\|$,表示当前UCAV与目标机的相对距离。

5.3.4 能量决策因子评价函数

空战能量主要包括动能[119]和势能[120]两个方面,分别与速度和高度呈正相关。一

方面，UCAV 所具备的能量越大，其机动能力就越强，可发挥的潜力就越大，通过能量转化，有助于快速攻击和优势机动占位；另一方面，高的能量有助于空空导弹攻击能力的充分发挥。图 5.5 给出了某型空空导弹在高度为 10km 的条件下，对进入角为 0°且以马赫数 0.8 的速度做匀速非机动飞行的目标所具备的三维可发射包络。当目标初始位置位于该包络内时，导弹能以一定的概率命中目标。由图可知，在目标动能一定的条件下，随目标高度降低，导弹的可攻击范围逐渐增大。绝对值相同的垂直离轴方位角 $a_{\text{asp\_z}}$，当 $a_{\text{asp\_z}}$ 为正，即目标高度大于导弹高度，目标势能大于 UCAV 势能时，空空导弹的水平可发射区范围明显小于 $a_{\text{asp\_z}}$ 为负值时的水平可发射区。换言之，当空空导弹的所具备的相对能量越大时，空空导弹可攻击的范围越大，因此，高的能量有助于空空导弹战术使用性能的充分发挥。

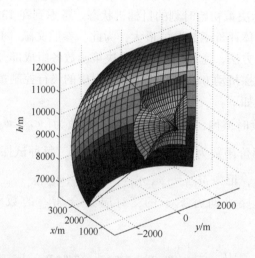

(a) [水平旋转-37.5°，垂直旋转30°]视角

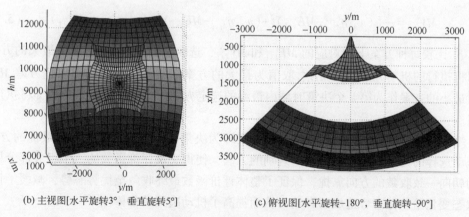

(b) 主视图[水平旋转3°，垂直旋转5°]　　(c) 俯视图[水平旋转-180°，垂直旋转-90°]

图 5.5　某态势下，空空导弹的三维可发射包络

综合考虑动能和势能两个因素，从 UCAV 角度构建能量决策因子

$$\eta_E = e^{\frac{\frac{1}{2}v_u^2 + gh_u}{\frac{1}{2}v_u^2 + gh_u + \frac{1}{2}v_t^2 + gh_t} - 1} \tag{5.21}$$

5.3.5 机动决策整体评价函数

整体评价函数的目的是对空战整体态势做出评价，基于角度、距离和能量三个因素，构建机动决策整体评价函数为

$$S = \begin{bmatrix} w_A & w_R & w_E \end{bmatrix} \begin{bmatrix} \eta_A \\ \eta_R \\ \eta_E \end{bmatrix} \tag{5.22}$$

式中：w_A、w_R 和 w_E 为三个决策因子的权重系数。在机动决策时，忽略决策时域内目标机的状态变化。通过试探机动的方法，从 1331 种机动备选方案中选择最优的飞行控制量 $\boldsymbol{u}_u(k+1)$，使得 $S(X_u(k+1), X_t(k))$ 取值最大，其中 $X_u(k+1)$ 表示试探终止时刻的 UCAV 状态，$X_t(k)$ 表示决策初始时刻的目标机状态。考虑到在 1331 种遍历试探方案中可能存在多种方案使整体评价函数取值最大，为此，参照文献[107]提出的基于统计学原理的鲁棒机动决策方法，通过进一步比较决策函数各组成部分的统计学量值，遴选出统计学意义上最优试探机动方案，并将该方案对应的飞行控制量 $\boldsymbol{u}_u(k+1)$ 作为最终的决策控制量。具体表述如下：

① 假设第 k 个决策时域内，决策因子的权重系数为 $\begin{bmatrix} w_{A_k} & w_{R_k} & w_{E_k} \end{bmatrix}$，第 i 种试探方案对应的机动因子评价函数为 $\begin{bmatrix} \eta^i_{A_{k+1}} & \eta^i_{R_{k+1}} & \eta^i_{E_{k+1}} \end{bmatrix}^\mathrm{T}$，每种试探方案评价函数的三个组成部分构成集合 M^i_{k+1}，记为 $M^i_{k+1} = \{w_{A_k}\eta^i_{A_{k+1}}, w_{R_k}\eta^i_{R_{k+1}}, w_{E_k}\eta^i_{E_{k+1}}\}$。

② 计算第 i 种试探机动方案下的，对应集合 M^i_{k+1} 的数学期望 ME^i_{k+1} 和方差 MV^i_{k+1}，有

$$ME^i_{k+1} = \frac{1}{3}(w_{A_k}\eta^i_{A_{k+1}} + w_{R_k}\eta^i_{R_{k+1}} + w_{E_k}\eta^i_{E_{k+1}}) \tag{5.23}$$

$$MV^i_{k+1} = \frac{1}{3}[(w_{A_k}\eta^i_{A_{k+1}} - ME^i_{k+1})^2 + (w_{R_k}\eta^i_{A_{k+1}} - ME^i_{k+1})^2 + (w_{E_k}\eta^i_{A_{k+1}} - ME^i_{k+1})^2] \tag{5.24}$$

③ 比较每种方案下的对应的 ME^i_{k+1} 和 MV^i_{k+1}，选取使期望值 ME^i_{k+1} 取值最大的方案 i 为即将执行的机动方案。当 ME^i_{k+1} 取值为最大的方案个数超过 1 时，选取使方差 MV^i_{k+1} 取值最小的方案作为第 k 个决策时域内最终的选定方案，即当前时刻 UCAV 即将执行的方案。

综上所述，期望值最大的飞行控制方案即为决策整体评价函数的取值最优的方案；对机动选择的冗余选项，通过方差判别的方法，使得决策评价函数的三个组成部分尽可能的朝向一致收敛的方向靠拢，保证了整体评价函数最终收敛至优势态势，减缓了目标机状态变化给整体态势造成的影响，从而提高了机动决策的鲁棒性[121]。

5.4 基于导弹攻击状态评估的权重因子分级模型

各决策因子的权重大小，对机动决策评价函数的数值及机动方案的选择具有很大影响。文献[62]通过相对角度和距离对空战态势进行评估，基于贝叶斯推理判定双机

状态处于4种优劣态势中的任一种态势,并通过专家系统方法综合确定机动决策权值。机动决策的最终目的是尽可能迅速地构成空空导弹的发射条件,因此各机动决策因子权值应结合当前态势下的导弹攻击状态,在对空空导弹发射/攻击状态评估的基础上综合设定;而文献[62]所构建的基于位置信息的评估方法,未能体现空空导弹的状态信息,可能使空空导弹可发射状态的达成缺乏时效性。因此,本节将构建基于导弹攻击状态评估的权重因子分级自适应模型,以满足导弹的作战使用实际。结合第2章相关内容,在未满足导弹发射条件的前提下,主要存在以下三种不同攻击状态:

(1) 当前态势下,目标离轴方位角 a_{asp} 过大,使提前角 ϑ_u 大于导弹发射时刻的最大动态视场角 φ_{D_0},导弹导引头无法搜寻、锁定目标,即

$$\vartheta_u > \varphi_{D_0} \tag{5.25}$$

(2) 提前角 ϑ_u 满足动态视场角限制,存在可发射区间 $[R_{\min}, R_{\max}]$;相对距离 R 不在该区间范围内,导弹无法有效杀伤目标,即

$$\begin{cases} \vartheta_u \leqslant \varphi_{D_0} \\ R \notin [R_{\min}, R_{\max}] \end{cases} \tag{5.26}$$

(3) 提前角 ϑ_u 满足动态视场角限制,但受到其他因素限制,当前状态下,不存在可发射区间 $[R_{\min}, R_{\max}]$,即

$$\begin{cases} \vartheta_u \leqslant \varphi_{D_0} \\ [R_{\min}, R_{\max}] = (0,0) \end{cases} \tag{5.27}$$

三种状态下,UCAV(导弹)与目标的相对位置关系如图5.6所示,图中C1、C2、C3分别对应上述提到的(1)、(2)、(3)三种攻击状态,C4表示最理想的情况。针对导弹的以上三种不同攻击状态,分别设置以下三种优先级:

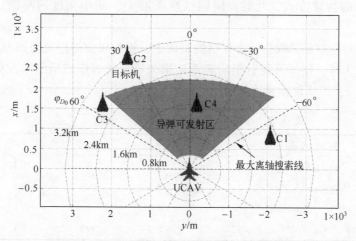

图5.6 不同状态下UCAV与目标的相对位置关系

(1) 当 $\vartheta_u > \varphi_{D_0}$ 时,应优先确保目标离轴方位角位于导弹动态视场角允许的范围内,使导引头可以稳定搜索目标。此时,应增大角度优势,并对角度决策因子施加更大的权重系数。实际上,当 $\vartheta_u > \varphi_{D_0}$ 时,在考虑目标导弹威胁[122]的情况下,又存在两种子状态,分别为

$$\begin{cases} \vartheta_u > \varphi_{D_0} \\ \vartheta_t > \varphi_{D_t} \end{cases} \qquad (5.28)$$

和

$$\begin{cases} \vartheta_u > \varphi_{D_0} \\ \vartheta_t \leq \varphi_{D_t} \end{cases} \qquad (5.29)$$

式中：φ_{D_t} 为目标机导弹的所具有的最大动态视场角。

在式（5.28）表示的情况下，应主要考虑减小 UCAV 提前角 ϑ_u，使 UCAV 导弹尽快达成攻击准备状态；而对于式（5.29）表示的情况，由于目标机已优先达成攻击准备状态，此时 UCAV 应着重考虑减小目标机的提前角 ϑ_t，以规避敌方导弹威胁。由于式（5.18）在对角度决策因子评价函数构建时，已将减小目标离轴方位角 a_{asp}（减小 ϑ_u）和规避目标威胁（减小 ϑ_t）同时考虑在内，因此在这两种状态下，增大角度决策因子权值的优先原则是一致的。

（2）在 ϑ_u 满足动态视场角限制，空空导弹可发射区间存在且非零，受限于相对距离，导弹无法有效杀伤的情况下，应提高距离决策因子的权重系数，优先导引 UCAV 快速接近目标。

（3）针对 ϑ_u 满足导弹视场角度限制，可发射区间为零情况，应设法增大导弹的可发射区间。一般而言，当目标离轴方位角 a_{asp} 越接近零，导弹受自身约束的程度就越低，适应目标逃逸机动的裕度就越高，导弹的可发射区间范围也就越大；其次，如5.3.4 节所述，高的能量优势有助于扩大导弹攻击范围。因此，该类情况下，应尽可能的减小 UCAV 提前角 ϑ_u，并增大能量决策因子的权值。由于已满足 $\vartheta_u \leq \varphi_{D_0}$，根据角度决策评价函数的构建方式，此时，应调整修正量 k_a，缩小角度判断值，以减小提前角 ϑ_u。

综上，在对空空导弹攻击状态评估的基础上，设置权值对应规则如表 5.2 所示。在状态 1 和状态 3 时，导弹可发射距离解算结果为零，此时应该给定可发射区间参考值 $[R_{\text{min\_ref}}, R_{\text{max\_ref}}]$，以实现距离决策因子的有效输出。

表 5.2 基于导弹状态评估的决策因子权重

导弹状态	w_A	w_R	w_E	k_a
状态 1：$\vartheta_u > \varphi_{D_0}$	0.6	0	0.4	0.85
状态 2：$\vartheta_u \leq \varphi_{D_0}, R \notin [R_{\text{min}}, R_{\text{max}}]$	0.3	0.5	0.2	0.85
状态 3：$\vartheta_u \leq \varphi_{D_0}, [R_{\text{min}}, R_{\text{max}}] = (0,0)$	0.4	0	0.6	0.50
状态 4：$\vartheta_u \leq \varphi_{D_0}, R \in [R_{\text{min}}, R_{\text{max}}]$	1/3	1/3	1/3	0.85

5.5 模型验证与仿真分析

为了充分验证所构建的试探机动模型的决策能力和状态评估模型对空战态势变化的适应水平，仿真验证部分主要包括两部分内容：包含决策过程的智能体 UCAV 对抗不包含决策过程的非智能体目标机和包含导弹状态评估过程的智能体 UCAV 对抗不包含导弹状态评估过程的智能体目标机。

仿真中 UCAV 和目标机均采用的 F-4 战斗机的气动参数和相关数据，控制量变化率分别在 $\dot{\alpha} \in [-5°,5°]$，$\dot{u} \in [-30°,30°]$，$\dot{\delta} \in [-0.5,0.5]$ 的区间范围上等距设置 11 个变化梯度，总计各 1331 种试探机动方案。UCAV 和目标机搭载相同性能的空空导弹，基于本书第 3 章所构建的基于目标机动预估的空空导弹可发射区模型，通过实时解算的方法，输出当前态势下可发射距离区间值；若当前态势下目标离轴方位角超出导弹动态视场角限制，则最大、最小可发射距离均输出为零。

交战区域位于水平 15km×15km，高度 1~20km 的空间范围内，超出该空域范围，判定空战无效。仿真中不考虑目标雷达探测威胁，也不考虑地面火力威胁。

仿真终止条件：目标位于空空导弹可发射区范围内，且允许发射的状态稳定持续 3s。

5.5.1 仿真 1：包含决策过程的智能体 UCAV 对抗非智能体目标

为了验证所构建的试探机动策略及决策模型的整体效果，设计智能体 UCAV 对抗非智能体目标的仿真实验。仿真初始时刻，目标与 UCAV 分别位于交战空域水平投影的对角线上，UCAV 与目标机构成直接迎头的相对态势。

目标初速度为 $v_t = 250 \text{m/s}$，航迹倾角为 $\gamma_t = 0°$，航迹偏角 $\psi_t = 45°$，水平坐标 $(x, y) = (0, 0)$；UCAV 初速度和航迹倾角与目标机相同，UCAV 航迹偏角为 $\psi_u = 225°$，水平坐标 $(x, y) = (10\,000, 10\,000)$；目标与 UCAV 初始控制量相同，且迎角 $\alpha = 0°$，航迹滚转角 $\mu = 0°$，油门设置为 $\delta = 0.5$；仿真步长为 1s。

UCAV 采用本章构建的决策模型，在空空导弹攻击状态评估的基础上使权重因子自适应变化；目标在机体可飞的约束范围内，每一步均从 1331 种试探方案中随机选取一种方案作为该时域内的机动方案。在 UCAV 与目标机分别构成高度劣势，高度均势和高度优势三种情况下，分别进行仿真验证；由于目标控制量随机产生，为体现一般性，每种情况各进行 50 次蒙特卡洛仿真，各选取其中一组仿真实验进行描述。

(1) UCAV 处于高度劣势：UCAV 初始高度 $h_{u0} = 8\,000 \text{m}$，目标初始高度 $h_{t0} = 12\,000 \text{m}$。UCAV 与目标机的空战机动轨迹如图 5.7 所示，仿真中 UCAV 实现了对目标机的稳定追踪，在整体上保持了尾后攻击的攻击策略。当仿真飞行时间为 141s 时，UCAV 所携带的空空导弹满足发射条件，仿真终止。

图 5.8、图 5.9 分别给出了 UCAV 各决策因子评价函数及整体评价函数随时间的变化曲线，整体评价函数值总体上实现稳定增长，各分量决策因子依据态势关系动态变化。其中，角度决策因子在数值上增长更为显著，说明 UCAV 随空战态势变化占据了更大的角度优势；距离决策因子变化更为剧烈，在仿真飞行时间分别为 50s 和 124s 时出现峰值，这主要是因为距离决策因子的构建与空空导弹的最大最小发射距离相关，若当前态势下不存在可发射距离，决策函数将接通参考距离 $[R_{\text{min\_ref}}, R_{\text{max\_ref}}]$，因此使得距离因子评价函数的变化更为剧烈，峰值部分表明，UCAV 通过决策与评估模型实现了对导弹可发射状态的有效导引；由于 UCAV 与目标机采用相同的机动平台，且初始时刻，目标机占据高度优势，因此 UCAV 能量决策因子函数变化并不显著，当仿真时间为 93s

时，UCAV 爬升至目标机上方，能量决策因子数值明显增加。UCAV 通过决策过程，由初始时刻的高度劣势，最终实现对自身有利态势的状态转化。

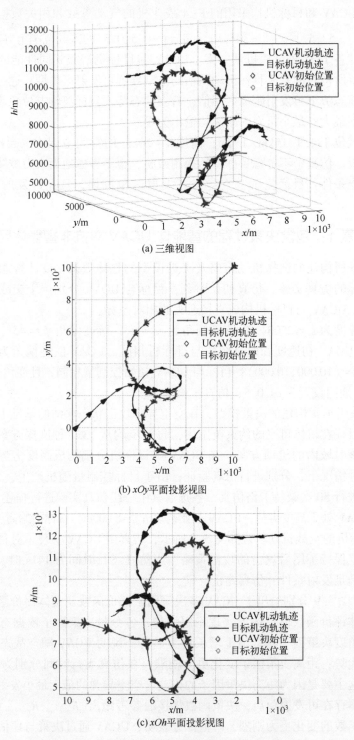

图 5.7　UCAV 处于高度劣势下的空战机动轨迹

第 5 章 基于典型战术机动动作的机动轨迹规划方法

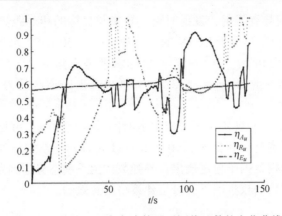

图 5.8 空战中 UCAV 各决策因子评价函数的变化曲线

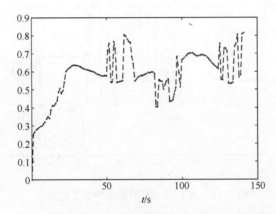

图 5.9 UCAV 机动决策整体评价函数的变化曲线

图 5.10 给出了 UCAV 所搭载的空空导弹可发射距离区间解算值以及 UCAV 与目标的相对距离随时间的变化曲线。其中导弹可发射区间的边值连线与相对距离曲线的交点，代表着当前态势下导弹与目标的相对距离位于导弹的可攻击距离范围内，导弹构成可发射状态。由图知，空空导弹可发射距离区间值随空战态势变化不断变化；导弹有 9 次时机构成可发射状态，在第 7 次构成可发射状态时，导弹实现对目标的稳定跟踪，且

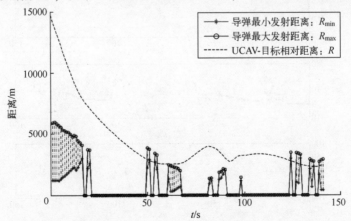

图 5.10 导弹的可发射区间及 UCAV-目标相对距离随时间的变化曲线

该状态稳定持续3s时导弹发射；发射时刻，导弹与目标的相对距离$R=2431.25m$，目标相对导弹的离轴方位角（等于UCAV的提前角）$\alpha_{asp}=50.64°$，水平离轴方位角$\alpha_{asp\_y}=48.47°$，垂向离轴方位角$\alpha_{asp\_z}=15.17°$；目标水平进入角$\alpha_{off\_y}=39.16°$，垂向进入角$\alpha_{off\_z}=-13.41°$；导弹攻击角$\gamma_{m_0}=-6.27°$；导弹可发射距离区间为$[393.62, 2915.47]$m；导弹离轴发射。

图5.11给出了UCAV各决策因子权值随时间的变化曲线，可见，各决策分量的权重值随空战态势不断变化。结合图5.10、图5.11可知，随空空导弹的状态变化，基于导弹攻击状态评估的权重因子稳定输出；导弹数次由不利态势达到允许发射状态，可以判定基于导弹状态评估的权重因子分级构建策略是有效的。

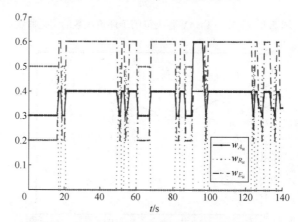

图5.11 决策因子权值随时间的变化曲线

图5.12和图5.13分别给出了空战过程中UCAV和目标机的飞行控制量随时间的变化曲线。可见在空战过程中，UCAV保持了持续加力状态，以最大油门持续飞行，迎角和航迹滚转角实现了较为连续的变化，没有出现大幅度波动的情况，说明所构建的1331种试探机动策略保证了UCAV飞行控制量的连续稳定变化；由于目标机的飞行控制方案是从1331种飞行试探方案中随机选取的，因此其操控量变化更为剧烈；由于决

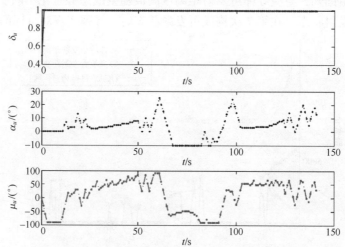

图5.12 UCAV飞行控制量随时间的变化曲线

策过程采用高耦合的三自由度运动动力学模型,且基于 F-4 战斗机及其发动机真实的气动数据,因此该控制量所生成的空战轨迹是接近实际的,从而具有更高的参考价值。

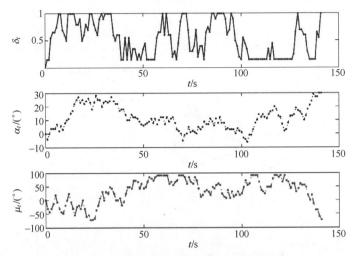

图 5.13　目标飞行控制量随时间的变化曲线

(2) UCAV 处于高度均势及高度优势:假设初始高度仅包括 8 000m 和 12 000m 两个取值空间,UCAV 分别处于高度均势和高度优势条件下,某次空战机动仿真轨迹分别如图 5.14、图 5.15 所示。

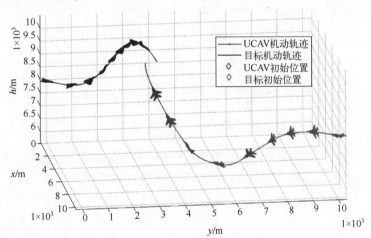

图 5.14　UCAV 处于高度均势下的空战机动轨迹

在两组仿真中,UCAV 在高度均势和高度优势下,分别于 47s 和 77s 完成攻击准备状态,导弹允许发射。对照图 5.14、图 5.15 可知,在 UCAV 与目标处于高度均势下,UCAV 不需要做大的机动就可以完成攻击过程。从轨迹上看,UCAV 保持了尾后攻击、导弹离轴发射的攻击策略。

图 5.16、图 5.17 分别给出了两种状态下机动决策整体评价函数随时间的变化曲线,可见评价函数整体上均保持增加的趋势,并在决策终止时刻达到最大值,说明决策模型在两组态势下保持了良好的适应能力,UCAV 整体态势逐渐占优;限于篇幅,各参量的状态变化,在此不做详细论述。

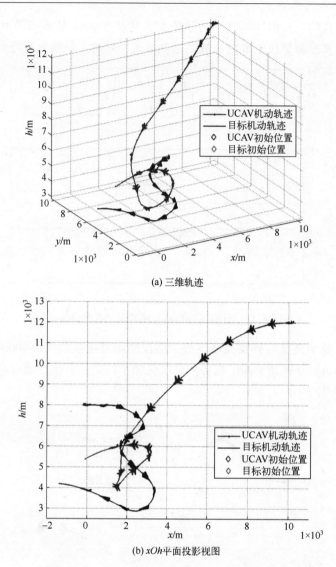

图 5.15 UCAV 处于高度优势下的空战机动轨迹

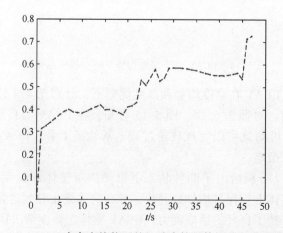

图 5.16 UCAV 在高度均势下的机动决策整体评价函数变化曲线

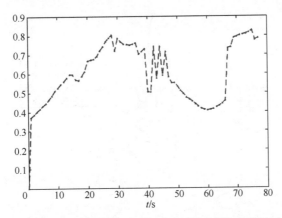

图 5.17 UCAV 在高度优势下的机动决策整体评价函数变化曲线

在三种初始态势下的 150 次蒙特卡洛仿真中,空战对抗仿真结果如表 5.3 所示,由于目标飞行控制随机产生,因此存在大量超出可飞区无效空战状态情况;在所有的 107 次有效空战对抗中,UCAV 有 90 次取得了最终空战的胜利,整体胜率保持在 84.11%,说明本章构建的 UCAV 决策模型对各种随机态势具有很强的适应能力。

表 5.3 150 次蒙特卡洛空战仿真实验结果统计

UCAV 初始态势	UCAV 获胜	目标机获胜	超出可飞区	胜率	整体胜率
(1) 高度优势	25	5	20	83.3%	
(2) 高度均势	35	2	13	94.6%	84.11%
(3) 高度劣势	30	10	10	80%	

5.5.2 仿真 2:含评估过程的智能体 UCAV 对抗不含评估过程的智能体目标

为了验证基于导弹攻击状态评估的权重因子分级模型的实际作用效果,设置对照仿真实验。仿真中目标机除权重因子的设置不同外,其余状态与 UCAV 完全保持一致。UCAV 的权重因子在对导弹攻击状态评估的基础上动态变化,目标机在空战过程中决策因子的权重值保持恒定,并设置权重因子为 $w_A = w_R = w_E = \frac{1}{3}$,角度修正量固定为 $k_a = 0.85$。由于 UCAV 和目标之间均包含决策过程,具有明显的智能特性,因此该对抗过程是智能体和智能体之间的自我博弈过程。仿真中 UCAV 和目标机交替处于高度劣势、高度优势,两种态势的高度取值空间与仿真 1 保持一致。

(1) UCAV 处于高度劣势:UCAV 高度 8000m,目标机高度 12 000m。

该态势下空战机动轨迹如图 5.18 所示,可见 UCAV 与目标之间具有明显的缠斗过程;空战时间为 83s 时,UCAV 所携带的空空导弹首先满足了稳定发射条件,UCAV 取得空战博弈的胜利。对照图 5.19、图 5.20 分别所给出的决策因子评价函数变化曲线可知,随着空战进行,三个决策因子均出现了不同程度的变化,且 UCAV 逐渐获得了更大的角度优势,在机动轨迹上逐渐呈现尾后攻击的攻击预设策略,并最终取得了空战的胜利。

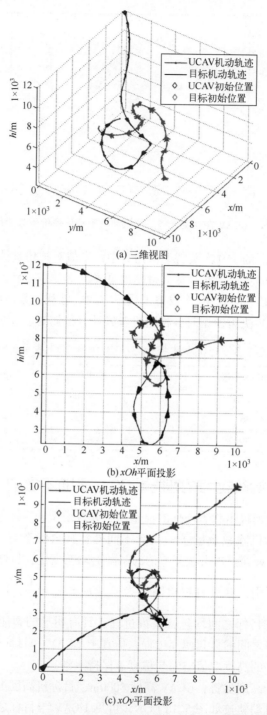

图 5.18 UCAV 处于高度劣势下的自博弈过程轨迹

(2) UCAV 处于高度优势:UCAV 高度 12 000m,目标机高度 8 000m。

该状态是上述(1)过程的逆状态,其空战机动轨迹及决策评价函数的变化曲线分别如图 5.21~图 5.23 所示。在 UCAV 处于高度优势下,空战初始时刻,UCAV 与目标的优势状态大致保持了一致,随着 UCAV 高度降低,UCAV 的能量优势逐渐减小,目标

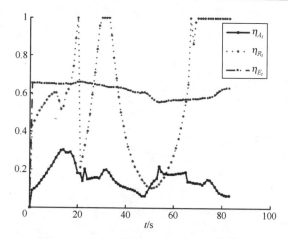

图 5.19　目标决策因子评价函数变化曲线

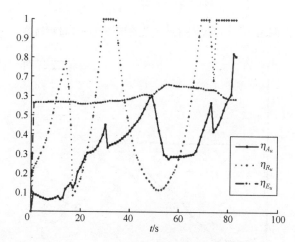

图 5.20　UCAV 决策因子评价函数变化曲线

机逐渐获得了更大的能量优势；同时，在很长的一段空战时域内，目标机具有更大的角度优势；随着空战的进行，UCAV 的距离优势逐渐增大，并在仿真飞行时间为 55s 时，其所搭载的空空导弹率先达成允许发射状态，UCAV 取得空战的最终胜利。

综合上述两个过程可知，在同样状态下，包含导弹状态评估过程的 UCAV 均能取得最终的空战胜利，说明基于导弹状态评估的权重分级策略是有效的。图 5.24、图 5.25 分别给出了两种态势下，UCAV 和目标机所搭载的空空导弹可发射区间变化曲线，可见两种态势下，UCAV 均能通过攻击占位多次使目标接近或位于导弹的可发射区间范围内，使得导弹具有更大的概率完成稳定发射状态，说明基于导弹攻击状态评估的权重因子分级模型有助于实现空战态势的转化，使整体态势朝着有利于导弹允许发射的状态发展，并最终赢得空战的胜利。

此外，在 UCAV 处于高度均势下，UCAV 与目标机同时达成导弹允许发射状态，空战以平局告终。这主要是因为在等高度正向迎头的情况下，导弹的可发射范围很大，UCAV 和目标机均不需要做大的机动就可完成攻击过程。限于篇幅，等高度下的相关状态变化曲线在此不做赘述。

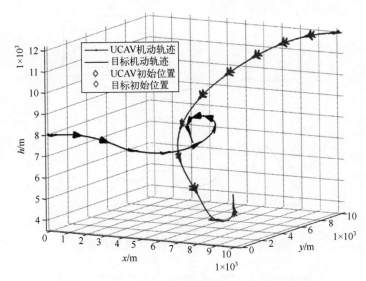

图 5.21 UCAV 处于高度优势下的自博弈过程轨迹

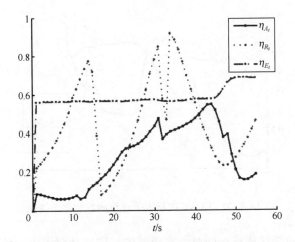

图 5.22 目标决策因子评价函数变化曲线

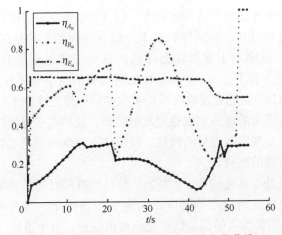

图 5.23 UCAV 决策因子评价函数变化曲线

第 5 章　基于典型战术机动动作的机动轨迹规划方法

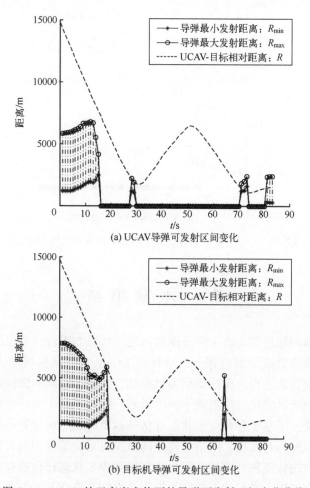

图 5.24　UCAV 处于高度劣势下的导弹可发射区间变化曲线

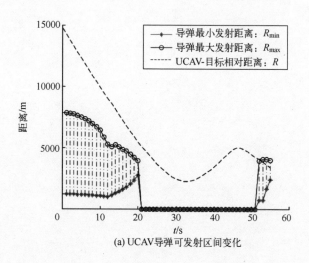

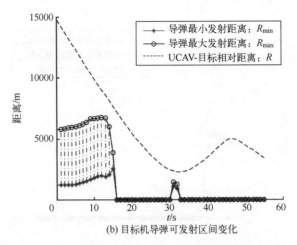

(b) 目标机导弹可发射区间变化

图 5.25　UCAV 处于高度优势下的导弹可发射区间变化曲线

5.6　本章小结

  空战机动决策问题是机动攻击轨迹规划问题的桥梁与手段，其目的是通过机动决策完成最终的机动攻击轨迹规划过程。本章针对 UCAV 空战试探机动决策问题进行了研究，基于高气动耦合的三自由度运动动力学模型，设计了精细的试探机动策略；构建了包含角度、高度和能量的机动决策因子评价函数；设计了基于统计学原理的机动方案决策方法；提出并建立了基于导弹攻击状态评估的权重因子分级优先策略；通过两组仿真验证了所构建的模型的有效性。本章所建立的试探机动决策模型具有很高的可靠性，所规划的空战机动攻击轨迹符合空战实际；基于导弹攻击状态评估的权重因子分级优先模型，实现了对空空导弹可发射状态的高效导引，有助于空空导弹的作战使用性能的充分发挥。

第6章 中远距自主空战机动占位决策

超视距空战（又称中、远距空战）是指在飞行员的目视能见距离以外使用拦射导弹进行攻击的空战。20世纪90年代以来，超视距空战发展迅猛，海湾战争中，中距拦射导弹击落空中目标的数量第一次超过近距格斗导弹，随后的几次局部战争和武装冲突，超视距空战战果显赫。随着超视距空战的重要性越来越强，超视距空战主要影响因素也越来越得到深入研究。

1. 空空导弹的性能

空空导弹的性能包括射程、命中精度、离轴角、机动性等诸多指标。要实现超视距空战，首先，空空导弹的射程要远，其一般指标要超过视距。目前，中、远距空空导弹的射程多在30~50km，有的已超过100km。其次，要具有全向攻击能力。超视距空战一般为迎头攻击，具有一定必然性，不能全向攻击将使超视距空战受到很大限制。再次，要有较强的机动能力，早期的中、远距拦射导弹多以轰炸机为攻击目标，机动能力较差，其机动过载仅15g左右。当前的中、远距拦射弹，特别是中距拦射弹，是以高机动性的歼击机为攻击对象，要求导弹具有良好的机动性。目前中距导弹机动性能已得到很大改善，最大机动过载提高到30g以上。最后，要有较高的命中精度。中、远距拦射弹是进行超视距空战的必备武器，如其性能达不到一定水平，就无法进行超视距空战，这是制约超视距空战的重要物质基础。

2. 机载火控雷达的性能

要进行超视距空战，机载雷达的性能要与空空导弹的性能相匹配。首先，火控雷达的探测距离要满足发射导弹的需要。超视距空战要求在导弹最大射程之外完成对目标的搜索、跟踪、识别和截获。双方相对运动速度大，要求机载雷达发现目标的距离要有足够提前量。一般来说，火控雷达的最大探测距离应为导弹最大射程的2~3倍。其次，火控雷达的跟踪角度范围要大于导弹离轴发射角。如果机载雷达的性能在上述两项与导弹不匹配，将影响超视距空战的实施，甚至无法进行。

以上只是超视距空战对机载雷达的基本要求，从目前机载火控雷达的发展情况看，为满足超视距空战的需要，机载雷达在工作体制、工作波形、对空功能、工作方式、探测性能、抗干扰能力等方面正在不断改进提高，对空功能不断细化，工作方式不断增多，极大地促进了超视距空战的完善和发展。

3. 有较强的电子对抗能力

未来空战处于复杂的电磁环境中，电子干扰的密度大、样式多、频谱宽。进行超视距空战，火控雷达的探测、空空导弹的制导都会遭到强烈的电子干扰，武器系统必须具有良好的抗干扰能力，才能适应复杂的空战环境，顺利进行超视距空战。因此，良好的抗干扰能力是武器系统正常工作的必要条件，否则，武器系统的功能再强，也无法在空战中发挥作用。此外，超视距空战对电子设备依赖性增大，能否进行有效的警戒与干扰，直接关系己方的生存和攻击效果的好坏。目前世界各国均高度重视机载自卫电子战系统的研制与发展。该系统已成为最复杂、最昂贵的机载电子设备，其复杂程度和价格都超过了机载火控雷达[123]。

本章主要考虑空空导弹的性能和机载火控雷达的性能，开展中远距自主空战机动占位决策研究。

6.1 多普勒雷达探测原理

6.1.1 最小可检测信号

根据基本雷达方程[124]，可得

$$P_r = \frac{P_t G^2 \lambda^2 \sigma}{(4\pi)^3 R^4} \tag{6.1}$$

式中：P_t 为雷达发射功率；G 为雷达天线的增益；λ 为天线波长；σ 为目标的散射截面积；R 为目标距离雷达距离；P_r 为接收到的功率。

当接收到的功率 P_r 小于最小可检测信号功率 S_{imin} 时，雷达滤波器会将信号滤除，因此最大探测距离为 $P_r = S_{imin}$ 时的探测距离。

雷达最大作用距离为最小可检测信号功率 S_{imin} 的函数，在接收端，影响微弱信号检测的最大因素是噪声，雷达探测能力实际上取决于信号噪声比。

输入信号功率 S_i 的表达式为

$$S_i = kT_0 B_n F \left(\frac{S}{N} \right)_o \tag{6.2}$$

式中：k 为玻尔兹曼常量；T_0 为标准室温；B_n 为噪声带宽；F 为噪声系数，其定义为 $F = \frac{N}{kT_0 B_n}$，即实际接收机的噪声功率输出与理想接收机在室温下的噪声输出之比；$\left(\frac{S}{N} \right)_o$ 为匹配接收机输出端信号功率 S_o 和噪声功率 N 的比值，则最小可检测信号为

$$S_{imin} = kT_0 B_n F \left(\frac{S}{N} \right)_{omin} \tag{6.3}$$

将其代入，得

$$\left(\frac{S}{N} \right)_{omin} = \frac{P_t G^2 \lambda^2 \sigma}{(4\pi)^3 kT_0 B_n F R_{max}^4} \tag{6.4}$$

这是最小可检测的信号的信噪比，则最大探测距离 R_{max} 可表示为

$$R_{max} = \left[\frac{P_t G^2 \lambda^2 \sigma}{(4\pi)^3 kT_0 B_n F_n (S/N)_{omin}} \right]^{1/4} \tag{6.5}$$

6.1.2 检测概率

由式（6.4）可以得到实际接收机在无杂波干扰情况下接收信号的信噪比为

$$\frac{S}{N} = \frac{P_t G^2 \lambda^2 \sigma}{(4\pi)^3 kT_0 B_n F_n R_{max}^4} \tag{6.6}$$

假定雷达采用非相参脉冲积累技术和恒虚警技术，根据雷达检测原理，可以计算得到在时刻雷达对目标关于信噪比 S/N 的检测概率公式为[125]

$$P_{d_{i,m}}^k = \Phi\left[\frac{\Phi^{-1}(P_{fa}) - \sqrt{I}S/N}{\sqrt{1+2S/N}}\right] \tag{6.7}$$

式中：P_{fa} 为雷达的虚警概率；I 为非相参积累脉冲数；$\Phi(*)$ 的定义见式（4.8），其值可从概率积分表查到，$\Phi^{-1}(x)$ 为 $\Phi(x)$ 的反函数。

$$\Phi(x) = \frac{1}{\sqrt{2\pi}}\int_x^\infty e^{-t^2/2}dt \tag{6.8}$$

由于衰落的随机性，每一次对目标的探测中都有一定的随机性，当虚警率一定时，发现概率随信噪比的增大而增大，因此，根据检测概率要求规定，就能反推出最小可检测信号所需的性噪比 $\left(\dfrac{S}{N}\right)_{omin}$。

本章中，设置检测概率为 90% 为可靠检测，即 $P_d>90\%$ 时认为目标被探测到。

在 $\left(\dfrac{S}{N}\right)_{omin}$ 已知的情况下，根据式（6.5）可得到最大探测距离为

$$R_{max} = \left[\frac{P_t G^2 \lambda^2 \sigma}{(4\pi)^3 k T_0 B_n F_n (S/N)_{omin}}\right]^{1/4} \tag{6.9}$$

6.2　中远距雷达探测区及盲区建模

大多数作战飞机都配备了某种形式的电子战情报系统[126]，如电子支援措施（ESM）或雷达警报接收器（RWR）。这些系统一般检测附近的射频发射，实时处理它们，并向飞行员和/或任务计算机报告每个射频发射从哪里来（其到达角）以及其来源的身份。在恶劣环境中，飞行员可以使用各种电子保护措施来隐藏飞机的真实位置，以躲避敌人雷达，如噪声干扰、欺骗性 ECM、箔条等。然而，针对任何连续波或脉冲多普勒雷达，最简单和非常有效的电子保护措施之一是隐藏在通常称为雷达多普勒盲区（DBZ）[127]的地方。

隐藏在盲多普勒区是由机载 ESM 或 RWR 辅助的，因为这两个系统都能向飞行员指示敌方雷达的方向。然后，飞行员可以操纵飞机，通过相对于敌人雷达的切线飞行来降低飞机的径向速度。

6.2.1　相控阵雷达探测远边界建模

机载雷达在不同态势条件下的探测距离显然是不同的，但是在多数文献没有考虑态势情况对雷达探测距离的影响，因此本章建立了机载雷达在不同高度、速度以及角度的情况下的探测距离，以便为机动决策提供支持。

1. RCS 建模

同一个目标在不同的姿态下，被探测到的雷达探测截面积（RCS）有很大差别，同时雷达的探测距离与 RCS 有很大关系，因此需要对 RCS 进行建模。而当前的 RCS 的数

据获取主要通过实验方法获取,很多情况下只有几个典型状态下的RCS[128],因此本章对不同角度下的RCS进行拟合,得到其计算公式如下:

$$\sigma(\varphi,\phi)=\sigma_1(1-\sqrt{|\sin\phi|})(1-\sqrt{|\sin\varphi|})+\sigma_2|\sin\phi|+\sigma_3(1-\sqrt{|\sin\phi|})|\sin\varphi| \tag{6.10}$$

式中:

$$\begin{cases} \sigma_1 = \begin{cases} \sigma_{+x}(\varphi \leqslant 90° \cup \varphi \geqslant 270°) \\ \sigma_{-x}(90° < \varphi < 270°) \end{cases} \\ \sigma_2 = \begin{cases} \sigma_{+y}(\phi \geqslant 0) \\ \sigma_{-y}(\phi < 0) \end{cases} \\ \sigma_3 = \sigma_z \end{cases} \tag{6.11}$$

式中:σ_{+x}、σ_{-x}、σ_{+y}、σ_{-y} 和 σ_z 分别为从目标正前方、正后方、正上方、正下方和正侧方探测的目标RCS。通过查询获得这几个值,可以得到任意角度探测时的RCS值。

2. 辐射方向图

在文献[130]中,将增益 G 设为定值进行仿真,但是在实际探测中,雷达的天线增益与探测角度有很大关系。

如图6.1所示为阵列天线原始坐标系。

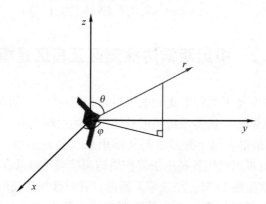

图6.1 阵列天线原始坐标系

天线的辐射方向图为天线的辐射在空间中的分布函数,在归一化后得到场强方向图:

$$f(\theta,\varphi)=\frac{E(\theta,\varphi)}{E_{\max}} \tag{6.12}$$

式中:$f(\theta,\varphi)$ 为归一化方向图;$E_{\max}$ 为距离一定的球面上电场强度的最大值。

增益 G 为天线在给定方向上辐射出去的能量与全向天线辐射有用能量之比:

$$G(\theta,\varphi)=\frac{4\pi U(\theta,\varphi)}{P_{\text{in}}} \tag{6.13}$$

式中:U 为辐射密度,计算公式为

$$U(\theta,\varphi) \cong \frac{1}{2\eta}(E_{\text{Total}}(\theta,\varphi))^2 \tag{6.14}$$

式中：η 为自由空间固有阻抗，值为 337Ω。

$$E_{\text{Total}}(\theta,\varphi) = (|E_{\text{Vert}}|^2 + |E_{\text{Horiz}}|^2)^{1/2} \tag{6.15}$$

式中：$|E_{\text{Vert}}|$ 为电场的垂直分量；$|E_{\text{Horiz}}|$ 为电场的水平分量；E_{Total} 为总电场。

$$E_{\text{Vert}}(\theta,\varphi) = \sum_{n=1}^{N} \boldsymbol{E}_{\text{Vert}} A_n F_n(\theta_n,\varphi_n) e^{-\mathrm{j}(k_0|r_n|+\beta_n+\gamma_{\text{Vert}})} \tag{6.16}$$

$$E_{\text{Horz}}(\theta,\varphi) = \sum_{n=1}^{N} \boldsymbol{E}_{\text{Horz}} A_n F_n(\theta_n,\varphi_n) e^{-\mathrm{j}(k_0|r_n|+\beta_n+\gamma_{\text{Horz}})} \tag{6.17}$$

式中：$\boldsymbol{E}_{\text{Vert}}$ 为电场单位向量的垂直分量；$\boldsymbol{E}_{\text{Horz}}$ 为电场单位向量的水平分量；A_n 为阵元 n 的幅值，单位为伏特；$F_n(\theta_n,\varphi_n)$ 为阵元 n 的方向图函数；$|r_n|$ 为阵元 n 到探测点的距离；k_0 为传播常数；β_n 为阵元 n 在探测点的相位。

$$\gamma_{\text{Vert}} = \{\text{sign}(\boldsymbol{E}_{\text{Vert}}) \cdot \pi/2\} + \pi/2 \tag{6.18}$$

$$\gamma_{\text{Horiz}} = \{\text{sign}(\boldsymbol{E}_{\text{Horiz}}) \cdot \pi/2\} + \pi/2 \tag{6.19}$$

在计算得到各个探测角度的电场强度 E 后，通过将其与主瓣中间的场强相比，即可得到辐射方向图，但是此值通常用分贝（dB）表示，即

$$\text{dB} = 20\log_{10}\left(\frac{E(\theta,\varphi)}{E_{\max}}\right) \tag{6.20}$$

最后将其转化到笛卡儿坐标系中即可得到其三维图形。

6.2.2 多普勒雷达探测盲区建模

机载多普勒雷达对于低空物体其采取的主要是下视方式，当多普勒雷达处于上视时，基本可认为其无杂波影响，但是下视时由于地面以及地面物体的影响，会产生强烈的杂波，其主要包括主瓣杂波、旁瓣杂波和高度杂波三种[130]。

主瓣杂波的频率为 $f_{\text{main}} = \dfrac{2V_R \cos L}{\lambda}$，式中 V_R 为雷达载机速度，L 为下视角度，当其下视时，照射到每一个地面小块的 L 不同，因此 f_{main} 为一个小的波段。

旁瓣杂波范围较大，在载机前方、侧方以及后方都存在，旁瓣回波的能量不如主瓣杂波集中，但其带宽比较长，其范围为 $f_{\text{side}} = \pm\dfrac{2V_R}{\lambda}$。

高度杂波主要是载机正下方，在载机平飞状态下，由于其与载机速度方向垂直，因此其多普勒频率以 0 为中心。

在多普勒雷达探测下，目标的多普勒频移可以用下式表示：

$$f_d = \frac{2V_r}{\lambda} \tag{6.21}$$

式中：V_r 为径向速度；λ 为波长。

这三种杂波和目标的回波如图 6.2 所示。

由于主瓣杂波和高度杂波影响较大，因此当目标多普勒频移进入主瓣杂波和高度杂波范围后，认为其进入多普勒盲区，而当目标的多普勒频移进入旁瓣杂波范围内时，目标的回波功率由于受到旁瓣杂波影响，必须要比旁瓣杂波功率高才能被检测到，同时，对目标的探测距离会因为旁瓣杂波的存在而产生衰减。

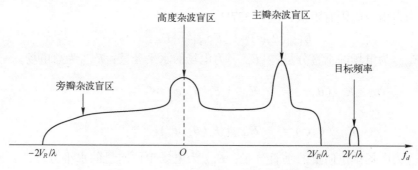

图 6.2 雷达杂波和目标回波频谱示意图

因此可认为,当目标的径向相对速度小于一定阈值时,目标进入盲区。

6.2.3 辐射方向图仿真

设置相控阵雷达上微带天线阵元均匀水平排列,射频为 8.65GHz,阵元间间距为 0.6 倍波长,贴片宽度为 4.114cm,长度为 3.259cm,高度为 0.160cm,介电常数 E_r 为 3.43,在方位角 $\varphi=0°$、45° 和 90° 情况下进行切片仿真,如图 6.3~图 6.6 所示。

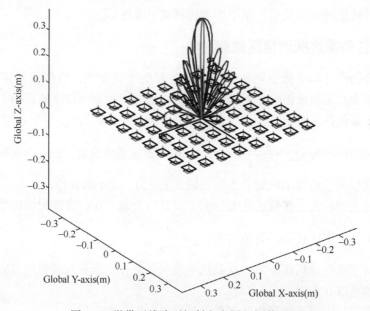

图 6.3 微带天线阵列辐射方向图竖切截面图

6.2.4 相控阵雷达探测距离仿真

上面建立了 $E(\theta,\varphi)$ 的函数,通过式(6.13)和式(6.14)即可得到增益 $G(\theta,\varphi)$,从而得到雷达天线在不同角度上的增益,但是上述的仿真为相控阵雷达对于主瓣中心指向 θ 和 φ 为 (0,0) 时的方向图,相控阵的雷达可以通过电波束扫描,当阵列中所有阵元发射的波具有相同的相位时,最大辐射方向垂直于阵列,控制阵列中不同阵元发射波的相位,使得主瓣中心指向不同的方向,其主要过程如图 6.7 所示。

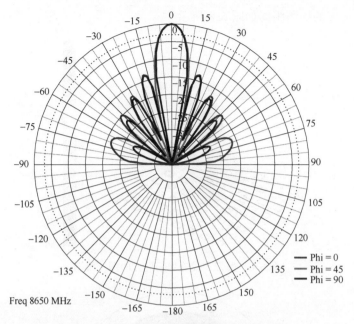

图6.4 微带天线阵列辐射方向图截面强度图

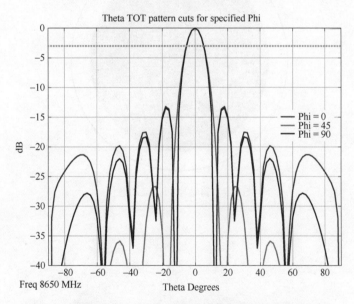

图6.5 微带天线阵列辐射方向图截面强度与俯仰角关系图

通过对区域进行循环扫描，雷达可以探测到一个较大的区域，雷达探测主要靠主瓣进行探测，因此本章将主瓣在空间中旋转得到的探测范围作为整体的探测范围，假设主瓣在空间中绕轴线可自由旋转，主瓣中心与轴线最大可成20°，由此得到雷达探测范围。

设定雷达载机在8000m空中沿y轴正向飞行，使用相控阵雷达进行探测，平均发射功率P为16.9kW，波束频率为8.65GHz，设定目标的RCS固定为0.52m^2，多普勒滤波带宽为117 Hz，玻尔兹曼常数为1.38×10^{-23}，噪声系数F_n为10$^{4/10}$，在不考虑杂波干

89

扰的情况下，主瓣的探测距离如图 6.8 所示。

图 6.6　微带天线阵列辐射方向图三维图

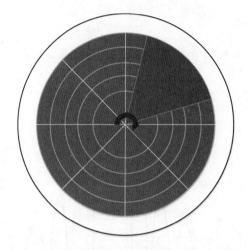

图 6.7　雷达空间扫描示意图

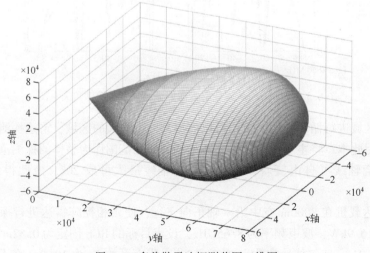

图 6.8　多普勒雷达探测范围三维图

从图 6.8 中可以看到，仿真得到的天线主瓣雷达探测区三维图和大部分雷达探测区示意图不同之处在于，实际上的主瓣雷达探测区是一个水滴形的三维空间模型，而大多数文献中将雷达探测区简单认为是一个标准圆锥，这显然与实际不相符。

从图 6.9 中可以看到多普勒雷达最大探测距离为 78.762km，总的探测角度近似为正负 60°，总共 120°，随着偏离中心轴线程度的增大，探测距离随之下降，这是因为中心的天线增益最大，所以探测距离最远，这与波束形状有关，与真实情况相吻合。

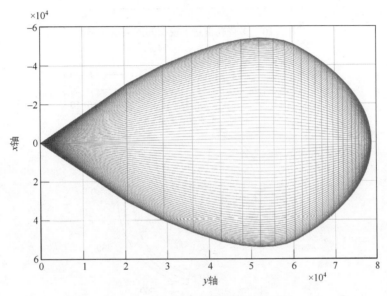

图 6.9　多普勒雷达探测范围俯视图

6.2.5　雷达盲区仿真

上述仿真设置的以载机为中心，目标 RCS 固定，意思是无论相控阵雷达主瓣指向什么方向，都直接指向目标前向，但是实际探测中，由于目标的姿态不同，导致目标的 RCS 不同，因此，本章以目标为中心，在目标的 360° 进行探测区的仿真，同时，上面的仿真中未考虑杂波影响，如果考虑杂波的影响，式（6.9）可以变为

$$R_{\max} = \left[\frac{P_t G^2 \lambda^2 \sigma}{(4\pi)^3 (kT_0 B_n F_n + C)(S/N)_{\text{omin}}} \right]^{1/4} \tag{6.22}$$

$$C = \frac{\pi}{6} \frac{P_t \lambda^2 \gamma f \tau G_{\text{SL}}^2}{(4\pi)^3 V H^2 L} \tag{6.23}$$

式中：V 为载机速度；γ 为归一化后向散射系数；τ 为脉冲宽度；G_{SL} 为副瓣增益；H 为载机高度；L 为系统与环境损耗因子。

因此，本章将多普勒雷达探测目标定为下视 10°、下视 20° 和下视 30°，并且在不同高度条件下得到不同角度对目标探测的探测距离，如图 6.10~图 6.13 所示。

从图 6.11~图 6.13 中可以看到，在相同高度情况下，随着下视角的增大，目标的探测距离增大，其原因是目标机的上视和下视情况下 RCS 值最大，因此下视角越大，

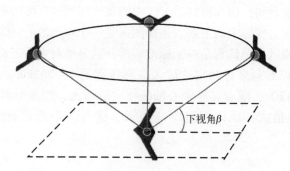

图 6.10　多普勒雷达下视探测探测示意图

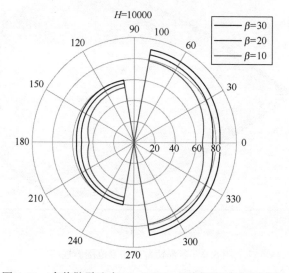

图 6.11　多普勒雷达在 $H=10000$m 不同下视角探测范围

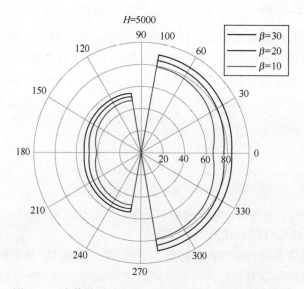

图 6.12　多普勒雷达在 $H=5000$m 不同下视角探测范围

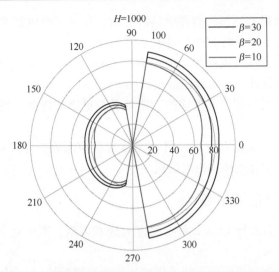

图 6.13　多普勒雷达在 $H=1000\text{m}$ 不同下视角探测范围

目标的 RCS 就越大。同时，在目标机与雷达载机呈迎头态势时，目标的多普勒频移不落入杂波范围内，杂波对于探测距离没有影响，但是当载机处于目标机方位角 90°和 270°左右时，目标机与载机速度方向近乎垂直，这使得目标回波频率落入主瓣杂波范围内，因此目标探测距离为 0，当目标机与雷达载机呈现尾追态势时，由于目标的回波落入旁瓣杂波范围内，因此收到旁瓣杂波影响会减小其探测距离，这也是中远距空战中敌机经常会使用置尾机动战术的原因。

从图 6.11~图 6.13 中还可以看到，随着高度的下降，尾追态势下的探测距离有一个明显的下降，其主要原因是随着高度下降，地杂波对雷达载机的影响越大。

6.3　基于多普勒盲区的中远距机动决策

6.3.1　决策模式

在中远距空战环境，我机和敌机交战过程中，机动决策的主要用途是利用各种信息来源的信息，指引我机形成对敌机的攻击条件，从而摧毁敌机，获取空战胜利。文献[131] 中对超视距雷达的开机时间和开机地点进行优化，提出了雷达开启点优势函数，因此，雷达探测在交战过程中的使用极为重要。

但是在交战过程中，根据我机是否被敌机波束照射以及是否被敌机形成稳定跟踪状态，可以将我机的态势分为以下 4 种：

（1）双方雷达都没有照射到敌机，也就是没有发现敌机，双方都处于安全态势。

（2）我机被敌机雷达波束照射，但通过 ESM 判断敌机仍处于搜索状态，没有形成稳定跟踪。

（3）我机被敌方雷达照射并形成稳定跟踪，机载 ESM 报警。

（4）我机对敌方形成稳定跟踪。

通过建立专家系统，针对这四种态势状态，我机分别采取四种不同的策略：

（1）当我机与敌机雷达都没有照射到敌方时，我机与敌机都没有探测到对方位置，此时我机采取盘旋机动的策略，在空间中进行搜索。

（2）我机被敌机雷达波束照射，但没有形成稳定跟踪，在这种状态下，决策引导我机进入敌机的多普勒盲区，实现隐蔽接敌。

（3）我机被敌方雷达照射并形成稳定跟踪，我机机动规避，快速进入多普勒盲区，破坏敌机构成的跟踪。

（4）我机对敌机形成稳定跟踪并且并未被敌机探测到，在这种态势下，我机尽快接近敌机，达到导弹发射条件，击毁敌机。

6.3.2 战术优势适应度函数

在不同态势下，为指导 UCAV 完成预想的战术策略，需要建立适应度函数，从而导引飞机完成预定战术。

本章讨论的是单机空战情况下的采用雷达探测敌机的情况，因此双方空战条件为视距外，与传统的近距空战态势函数[132-133]有所不同，本章建立了视距外空战决策因子指标函数。

视距外空战的主要宗旨是压缩地方的攻击区以及扩大我方的攻击区，因此本章假设敌机采取的策略是远离我方的攻击范围，并且将我方纳入其攻击范围，与此同时，敌机尽量避开我机的雷达探测区，同时其尽量保持自身能量优势，便于其机动进攻或逃逸。

如图 6.14 所示，将中远距情况下的雷达探测区设为 $D_{R\max}$，导弹攻击区远界设为 $D_{M\max}$，导弹不可逃逸区远界设为 $D_{ME\max}$，雷达探测角设为 $\phi_{R\max}$，导弹最大离轴发射角为 $\phi_{M\max}$，导弹不可逃逸区最大发射角为 $\phi_{ME\max}$。

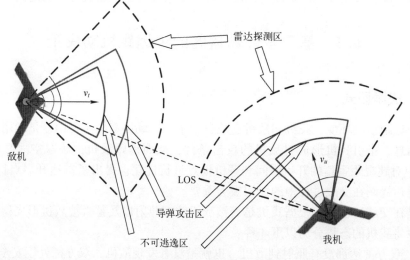

图 6.14 中远距空战态势示意图

1. 雷达探测优势函数

雷达探测优势函数由我机和敌机探测两部分组成，即

$$\eta_{\text{radar}} = \text{flag}_T \cdot \text{flag}_U \tag{6.24}$$

式中：flag_T 为敌机雷达是否探测到我机的标志位，当敌机锁定我机时为 1，否则为 0；flag_U 为我机是否探测到敌机的标志位，当我机锁定敌机时为 1，否则为 0。

通过这样建模，当敌机锁定我机时，无论我机是否锁定敌机，我机的雷达探测优势函数都为 0，这时我机处于高威胁区域，需要尽快机动逃离。

2. 角度优势函数

LOS 为目标观测线，为从我机连接向敌机的一条有向直线；AA 为目标进入角，为目标观测线方向与目标速度方向的夹角；ATA 为雷达天线调整角，为目标观测线方向与我机速度之间的夹角。

角度态势评估因子需要综合考虑 AA 和 ATA 与双机的雷达探测角，导弹最大离轴发射角以及导弹不可逃逸区最大发射角之间的关系，同时需要考虑敌机对我机的威胁和我机对敌机的威胁程度。因此，建立我机与敌机的角度态势决策因子如下：

$$\eta_A = \eta_{\text{ATA}}^{\gamma_1} \cdot (1-\eta_{\text{AA}})^{\gamma_2} \tag{6.25}$$

$$\eta_{\text{ATA}} = \begin{cases} 1, & \text{ATA} \leq \varphi_{ME\max} \\ 1-0.2 \cdot \dfrac{\text{ATA}-\varphi_{ME\max}}{\varphi_{M\max}-\varphi_{ME\max}}, & \varphi_{ME\max} < \text{ATA} \leq \varphi_{M\max} \\ 0.8-0.2 \cdot \dfrac{\text{ATA}-\varphi_{M\max}}{\varphi_{R\max}-\varphi_{M\max}}, & \varphi_{M\max} < \text{ATA} \leq \varphi_{R\max} \\ 0.6-0.6 \cdot \dfrac{\text{ATA}-\varphi_{R\max}}{\pi-\varphi_{R\max}}, & \varphi_{R\max} < \text{ATA} \end{cases} \tag{6.26}$$

式中：$\eta_{\text{ATA}}^{\gamma_1}$ 为我机对敌机威胁程度；$(1-\eta_{\text{AA}})^{\gamma_2}$ 为敌机对我机的威胁程度；γ_1 和 γ_2 为这两种威胁程度的权值因子，用来确定是我机对敌机的威胁更重要，还是规避敌机对我机的威胁更重要。

3. 距离优势函数

当前，其他中远距空战论文中的距离态势函数的建立普遍与角度无关[134-135]，实际上距离态势函数应和角度有关，当我机在敌机离轴发射角内时，若双机距离较近，容易被敌方形成攻击条件，但是我机要想用导弹攻击区套住敌机，就需要主动靠近敌机，因此，距离态势决策因子应是同时考虑角度和距离建立。

$$\eta_R = \begin{cases} 0, & \text{ATA} \leq \varphi_{R\max}, R \leq D_{M\max} \\ e^{-\frac{D_{M\max}}{R-D_{M\max}}}, & \text{ATA} \leq \varphi_{R\max}, R > D_{M\max} \\ 1, & \text{ATA} > \varphi_{R\max}, R \leq D_{ME\max} \\ e^{\frac{D_{ME\max}-R}{D_{M\max}-D_{ME\max}}}, & \text{ATA} > \varphi_{R\max}, D_{ME\max} < R \leq D_{M\max} \\ e^{-1+\frac{D_{M\max}-R}{D_{R\max}-D_{M\max}}}, & \text{ATA} > \varphi_{R\max}, D_{M\max} < R \leq D_{R\max} \\ e^{-2+\frac{D_{R\max}-R}{D_{R\max}}}, & \text{ATA} > \varphi_{R\max}, D_{R\max} < R \end{cases} \tag{6.27}$$

当我机在敌机的雷达探测区内时，采取的策略是避开地方雷达探测，尽量远离敌机；当我机在敌机雷达探测区外时，采取的策略是接近敌机，使敌机进入我机的导弹不可逃逸区内。

4. 小径向速度指标

当我机需要进入敌机多普勒盲区时,需要将径向速度控制在一个很小的值,实际中这个值为30m/s左右,据此本章建立小径向速度指标如下所示:

$$\eta_v = \begin{cases} 1 & V_r \leq 30 \\ e^{\frac{30-V_r}{30}} & V_r > 30 \end{cases} \tag{6.28}$$

则径向速度小于30m/s时,小径向速度指标为1。径向速度越大,指标值越小。

5. 高度指标

为了防止飞行过程中高度过低导致坠地,设置了高度指标,当高度在合理区间时态势值为1,当高度过低时态势值迅速下降。

$$\eta_H = \begin{cases} 1, & 3000 \leq h \leq 15000 \\ e^{(h-3000)/10000}, & 3000 > h \\ e^{(15000-h)/10000}, & h > 15000 \end{cases} \tag{6.29}$$

6.3.3 态势权值

上述建立了安全模式、预警模式、逃逸模式以及追击模式4种不同态势,而不同态势条件下为执行不同的战术决策,上述优势函数的权重需要动态变化。

当我机与敌机处于互为安全状态时,实际上我机与敌机都没有探测到敌机,此时最需要增加的是角度优势,使我机尽快转向机头,对敌机已知最后一个时刻所在位置附近进行扫描,以获取敌机位置信息。

当我机处于预警模式时,我机已进入敌机雷达扫描区域,此时最重要的是进入敌机多普勒盲区或逃逸出敌机的雷达扫描范围,从而达到隐身的目的。因此需要加大敌机对我机的威胁程度权值和小径向速度指标权重

当我机处于逃逸模式时,我机已被敌方锁定,这比我机处于预警模式的情况还要紧急,因此敌机对我机的威胁程度权值和小径向速度指标权值要比预警模式大。

当我机处于追击模式时,需要保持对敌机的雷达锁定的同时,接近敌机,以满足导弹发射条件,因此距离态势和我机对敌机的威胁权值最重要。

这4种态势情况下的权值列在表6.1中。

表6.1 不同态势下权值

态势情况	ω_1	ω_2	ω_3	ω_4	ω_5	ω_6
安全模式	0.2	0.3	0.2	0.2	0	0.1
预警模式	0	0	0.2	0	0.5	0.3
逃逸模式	0	0	0.2	0	0.7	0.1
追击模式	0.2	0.4	0.1	0.2	0	0.1

仿真终止条件:当连续5s将敌方用雷达锁定且处于导弹不可逃逸区内时,判定导弹发射,空战胜利。

6.4 仿真实验与分析

6.4.1 仿真条件设置

当前来说，基本上所有论文中的机动决策都是基于双方信息透明情况下的机动决策，但是在实际战场上这种情况却是很少发生的，因此本章设定为敌方和我方的预警机只能大概探测到目标所在空域，但是没有确切的位置信息，我机在预警机引导下到达作战空域，双方打开雷达搜索前进，只有当雷达持续扫描到目标 2s 时才会认为探测到目标，获取到目标的角度和距离，其余时刻对目标的位置信息为未知，同时我机在 ESM 和 RWR 支持下，当敌机雷达波束照射我机时，可以得到雷达波束大致来源方向，从而为机动决策提供支持。

仿真中，敌机采取与我机相同的运动学和动力学模型，采用的方法为马尔可夫决策方法[136]，采取的策略为追击策略，当敌机锁定我机时，追击我机，拉近距离，敌机和我机的平台都采用 F-4 战斗机[137]，双方搭载的机载雷达和中远距导弹性能相同，导弹不可逃逸区距离为 40km，雷达探测区及盲区计算采用 6.3 节建立的模型。

6.4.2 使用 MPC 框架下的中远距机动决策

当我机雷达未探测到敌机时，我机只能以敌机历史信息进行决策，但是采用文献[138] 中的 MPC 框架后，可以引入第 4 章中的敌机多步轨迹预测，实现对目标的信息进行预测，据此进行机动决策。

双方的初始状态如表 6.2 所示。

表 6.2 敌我双方初始状态设置

状态量	x	y	h	v	γ	$\Psi/(°)$	M/kg
敌机	100000	0	12000	200	0	180	14680
我机	0	50000	1200	300	0	0	14680

如图 6.15 所示为我机与敌机的三维轨迹图。

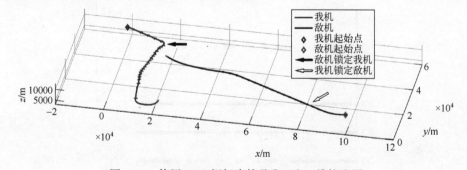

图 6.15 使用 MPC 框架决策敌我双方三维轨迹图

如图 6.15 所示，在第 80~86s 时敌我双方都发现对方并跟踪，在图中用箭头标出，此时我机快速调整态势因子权重将态势情况调整为逃逸模式，进行规避逃逸，快速采取了右转弯的机动,并且为保证逃逸成功,将此状态连续保持50s,在第136s时进入预警状态,在136~369s时,直接快速切换预警状态和互相安全状态,敌机雷达未锁定敌机,因此未能有效获取我方信息;在369~432s时敌机雷达并未照射到我机,我机转入互为安全模式,在空间中进行左转弯搜索敌机,在424s时我机雷达照射到敌机,进入追击模式,最终我机在428~432s持续锁定敌机,此时我机与敌机距离为23.236km,敌机持续处于我机的导弹不可逃逸区内,因此我机最先满足空战胜利条件,取得空战胜利。

图6.16所示为我机4种模式切换图,可以看到在136~369s,我机在互为安全与预警状态之间快速切换,从而避免了敌机雷达对我机的锁定。

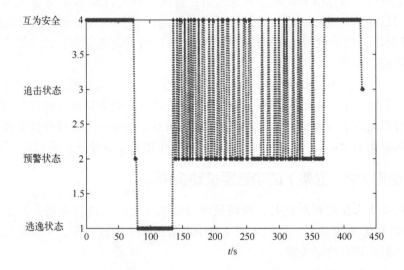

图6.16 UCAV决策模式变化图

图6.17~图6.19为我机的态势权值变化曲线、态势因子变化曲线和总体态势值变化曲线,可以看到,由于态势权值在136~369s不断振荡,因此总体态势值在这个时间段内也不断振荡。

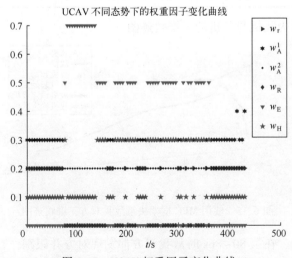

图6.17 UCAV权重因子变化曲线

第6章 中远距自主空战机动占位决策

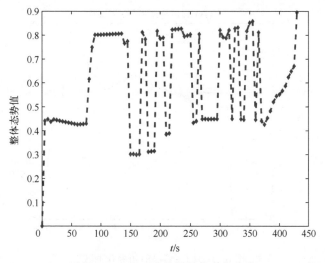

图 6.18　UCAV 整体态势值变化曲线

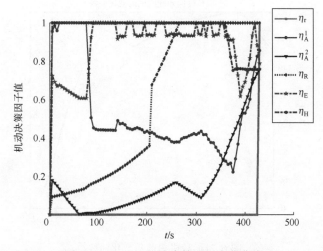

图 6.19　UCAV 机动决策因子变化曲线

从机动决策因子的变化曲线来看，在最后阶段我机探测到敌机时雷达探测态势因子从 0 变化到 1，因此其是正确的。对于角度态势因子，我机对敌机的威胁经历了从下降到上升的过程：中间阶段，为了规避敌机雷达探测，我机的提前角不得不变大，因此我机对敌机的威胁下降；最后阶段，我机进入互为安全模式，主动转向寻找目标机，从而提高了角度态势因子。敌机对我机的威胁处于持续下降状态；我机的小径向速度指标一直保持在一个比较高的水平，在 136~369s 出现上下波动的情况；我机的高度态势因子一直保持在一个较高水平，在最后阶段为了对敌机呈现上视态势，因此高度有所下降。

图 6.20 和图 6.21 为我机与敌机的提前角的变化曲线，从图中可以看出，在中间时段，我机为了躲避敌机雷达照射，提前角明显变大，但在最后阶段迅速下降；而敌机的提前角初始阶段比较大，中间阶段也较大，这代表着我机一直处在敌机的雷达照射角度范围内，但是由于敌机未能锁定我机，寻找到我机的位置，因此提前角在最后阶段快速下降。

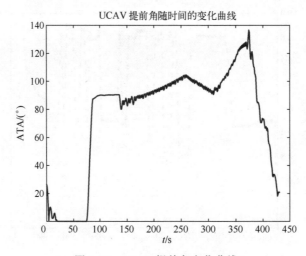

图6.20　UCAV提前角变化曲线

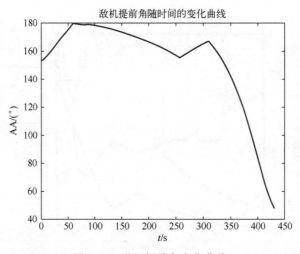

图6.21　敌机提前角变化曲线

图6.22和图6.23为我机和敌机的速度变化曲线，我机在77~110s时速度明显下降，其主要原因为我机快速进行右转弯，滚转角保持在-90°左右，同时攻角保持在最大值25°左右，因此阻力大于机身轴线上的推力，速度快速下降，在319~373s通过下降高度将势能转化为动能，因此速度明显上升；敌机的速度基本保持在200m/s左右，波动较小。

图6.24为我机控制量变化曲线，可以看到我机的控制量变化较为剧烈，但是始终保持在合理范围内，并且速度也保持在合理范围内。

6.4.3　不使用MPC框架下的中远距机动决策

在6.4.2节中进行了MPC控制框架下的机动决策仿真，仿真表明UCAV能有效利用敌方雷达多普勒盲区，实现隐蔽接敌并最终获取空战胜率。为验证MPC控制框架的有效性，本小节在初始状态和战术优势适应度函数以及态势权值等都与6.4.2节相同，只有机动决策方法不同，采用文献［140］中的IJADE-TSO决策方法进行仿真，最终得到的结果如图6.25所示。

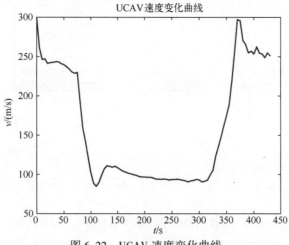

图 6.22　UCAV 速度变化曲线

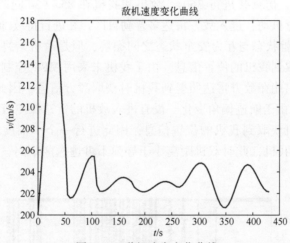

图 6.23　敌机速度变化曲线

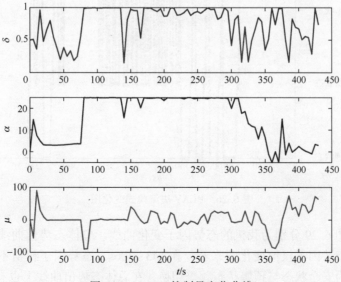

图 6.24　UCAV 控制量变化曲线

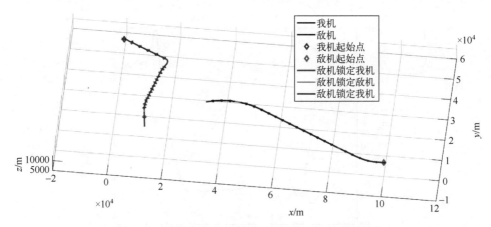

图 6.25 不使用 MPC 框架决策敌我双方三维轨迹图

如图 6.26 所示，仿真共进行 360s，敌机和我机在 85~92s 同时被对方雷达锁定，因此我机进行右转弯机动，进入敌方雷达多普勒盲区，并进行持续 50s 的逃逸状态，在 143~305s 我机在预警状态与互为安全状态之间振荡，但是敌机始终没有对我机构成锁定，因此也没有获取到我机的位置信息，由于我机未采用 MPC 控制框架，未对地方状态信息进行预测，只能在敌方雷达照射到我机时获取敌方信息，因此造成转弯不及时，在 306~310s 时我机由于航迹偏角变化，没有进入敌机的雷达探测盲区内，因此被敌方雷达锁定，此时敌机获取到我机的位置信息，因此进行一个小幅度的左转弯，最终在 354~360s 持续锁定我机，此时双机距离小于导弹不可逃逸区距离，因此敌机获取空战胜利。

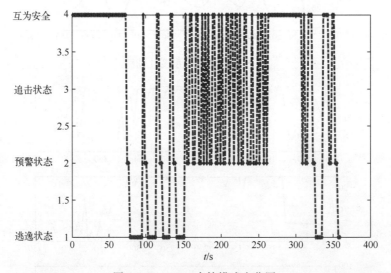

图 6.26 UCAV 决策模式变化图

图 6.27~图 6.29 分别为我机的态势因子变化曲线、总体态势值曲线以及决策因子变化曲线，从态势因子权值变化图来看，在 143~306s，态势因子权值不断振荡，这是因为我机在互为安全状态与预警状态频繁切换，在总体态势值曲线上也有所体现。

第6章 中远距自主空战机动占位决策

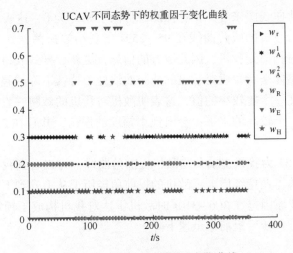

图 6.27 UCAV 权重因子变化曲线

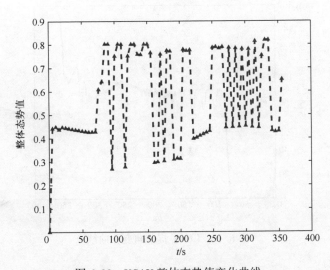

图 6.28 UCAV 整体态势值变化曲线

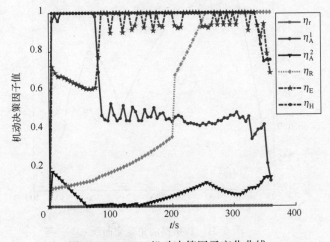

图 6.29 UCAV 机动决策因子变化曲线

从决策因子变化曲线图来看，雷达探测态势因子始终为 0，这表明我机始终没有进入追击状态；我机对敌机的威胁曲线在 95~259s 出现小幅振荡，其主要原因是敌方雷达在这段时间内有时扫描到我机，因此敌方的信息在更新，导致我机对敌机的威胁曲线出现振荡，并且从整体来看我机对敌机的威胁曲线处于持续下降的趋势；敌机对我机的威胁曲线总体保持在一个比较小的值，这表明敌机对我机的威胁一直较大；我机的小径向速度指标保持在一个较高的水平，会出现小幅度的振荡，并且在 306~360s 有一个明显的下降。

图 6.30 和图 6.31 为我机提前角与敌机提前角曲线，可以看到我机的提前角中间有小幅度振荡，但是整体在持续增大；敌机的提前角经历了从上升到下降再小幅度上升再下降的过程，其主要原因是在 306~310s 时敌机雷达对我机构成了锁定，获取了我机的位置信息，因此进行左转后提前角迅速下降。

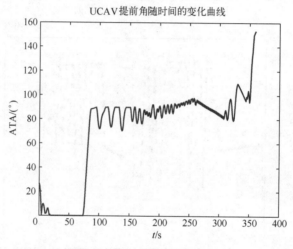

图 6.30　UCAV 提前角变化曲线

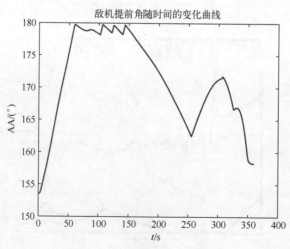

图 6.31　敌机提前角变化曲线

我机的速度曲线与 MPC 控制框架下决策得到的速度曲线类似，主要是我机在 320s 左右俯冲速度快速增大（图 6.32），而 MPC 控制框架下进行俯冲的时间稍晚 30s；敌机的速度值保持在 200m/s 左右，相差不超过 20m/s（图 6.33）。

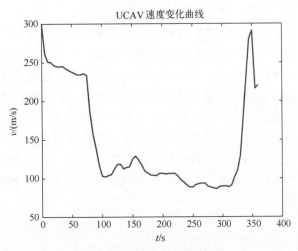

图 6.32　UCAV 速度变化曲线

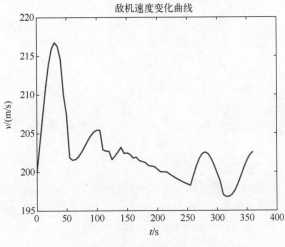

图 6.33　敌机速度变化曲线

6.4.4　对比总结

总体来说，在使用 MPC 控制框架与不采用 MPC 控制框架下进行机动决策时采取的机动是相似的，不采用 MPC 控制框架下空战失败的主要原因在于在 306~310s 被敌机雷达锁定，因此导致敌机左转弯，最终持续锁定，而采用 MPC 控制框架下除了初始 80~86s 被敌机雷达锁定外并未被敌方雷达锁定，因此敌机无法获取位置信息，其攻击的目标也只能是 80~86s 我机所在的位置，最终我机实现侧攻，取得空战胜利。

MPC 控制框架能利用对敌机的预测状态进行机动决策，从而对未来的态势有一个较为长远的考虑，通过上述的仿真验证，证明其在中远距空战中也适用，相较于传统的机动决策方法具有优势。

6.5 本章小结

对雷达探测范围和雷达盲区进行建模，提出了基于敌机多普勒盲区的中远距空战机动决策方法。①根据基本雷达方程和最小可检测信号，计算雷达的探测距离。②采用微带天线阵列进行雷达方向图仿真，获取主瓣形状，在空间中旋转后得到三维雷达探测范围。③对雷达多普勒盲区进行建模，并在雷达下视情况对雷达盲区进行仿真。④提出中远距战术优势适应度函数，将距离优势函数与角度进行耦合。⑤采用不同模式下适应度函数变权重方法，使得机动决策灵活性更强，能满足不同模式下的需求。⑥与采用马尔可夫追击的具备相同武器和飞行平台的敌方进行空战对抗，仿真表明在采用 MPC 框架机动决策时能有效利用敌方雷达盲区，获取空战胜利，而不使用 MPC 框架容易被敌方雷达锁定，空战失败。

第 7 章　基于深度强化学习的离线机动决策学习方法

7.1　空战机动决策设计

7.1.1　总体思路

UCAV 机动决策系统中空战机动策略网络是其最重要的组成部分。本章依托强化学习中的 PPO 算法结合 LSTM 网络构建空战机动策略网络模型，用以提高 UCAV 空战智能化决策水平。图 7.1 为 UCAV 机动决策系统框架结构图。从图中可以看出，机动决策系统主要分为三个部分：飞行驱动模块、双方态势评估模型、空战机动决策网络模型。

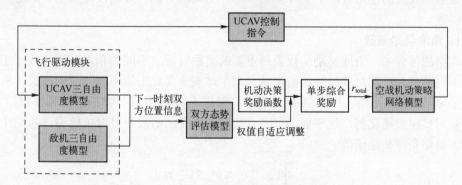

图 7.1　UCAV 机动决策系统框架结构图

机动决策流程为：

（1）利用飞行驱动模块得到下一时刻双方位置信息。

（2）将下一时刻敌机位置信息以及通过由 5.2.1 节设置的三自由度模型得到的 UCAV 位置信息输入到态势评估模型中。

（3）态势评估模型依据敌我双方状态进行综合评价并依据评价结果自适应调整权重系数，得到单步综合奖励 r_{total}。

（4）针对不同单步综合奖励，离线机动决策方法模型依托深度强化学习进行模型训练，输出控制指令，再对 UCAV 进行控制。

7.1.2　状态转移更新机制设计

为实现算法与空战环境不断交互，从而输出控制量对 UCAV 的运动进行控制，将三自由度模型设置成飞行驱动模块。假设 UCAV 与敌机使用相同的平台模型，通过飞行驱动模块实现敌我双方空战状态的更新，即通过当前时刻状态与控制量实时计算出下一时刻 UCAV 与敌机所处的新状态，以此形成一种状态转移更新机制，如图 7.2 所示为状态转移更新机制框图。

图 7.2　状态转移更新机制

7.1.3　奖励函数设计

基于强化学习的近距空战机动决策的目标是找到一个最优机动策略使 UCAV 完成攻击占位，从而使完成当前的累计奖励最大。奖励是评价策略的唯一量化指标，决定智能体最终学到策略的优劣，并直接影响算法的收敛性和学习速度。UCAV 通过深度强化学习进行空战决策时，除完成任务的奖励外，中间过程无法获得奖励，存在着稀疏奖励[139]的问题，因此在复杂的空战任务中，不仅需要设计完成任务的胜负奖励，对于每一回合中每一步的辅助奖励设计也至关重要。为了有助于验证算法的有效性，本章以机动决策难度较大的使用近距空空导弹后半球攻击策略为例，分别设计角度、高度、距离奖励函数。

1. 角度奖励函数

在空战过程中，角度奖励函数为最重要的奖励设置。不同的角度奖励体现了 UCAV 使用不同的机载武器对应目标的前半球、后半球或全向攻击等不同的战术战法。影响角度奖励函数的量主要有 UCAV 进入角 q_u、目标进入角 q_t 以及导弹最大离轴发射角 $\theta_{\max}^u$，将双机对抗模型简化到二维平面中，建立如图 7.3 所示的敌我机对抗模型，并设计后半球攻击策略角度奖励函数 r_A 如下：

$$r_A = \begin{cases} 1, & q_u \leq \theta_{\max}^u \text{ 且 } \frac{\pi}{2} \leq q_t \\ 0, & q_t \leq \frac{\pi}{2} \\ -1, & \text{其他} \end{cases} \tag{7.1}$$

2. 距离奖励函数

两机的相对距离 R 是导弹发射条件以及双方态势的影响因素之一。距离奖励函数的设定要考虑 UCAV 机载武器最大发射距离 $L_{\max}^u$ 以及最小发射距离 $L_{\min}^u$。其中 $L_{\max}^u$ 及 $L_{\min}^u$ 可根据文献 [87] 中的方法实时解算出来。距离奖励函数 r_R 设定如下：

$$r_R = \begin{cases} 1, & L_{\min}^u \leq R \leq L_{\max}^u \\ -1, & \text{其他} \end{cases} \tag{7.2}$$

式中：相对距离 $R = \sqrt{(x_e - x_u)^2 + (y_e - y_u)^2 + (z_e - z_u)^2}$。

3. 高度奖励函数

高度奖励的设置应充分考虑不同武器的作战性能，主要体现为通过高度奖励使 UCAV 与敌机的高度差保持在理想范围内，充分发挥武器性能。设计高度奖励函数 r_H 如下：

第7章 基于深度强化学习的离线机动决策学习方法

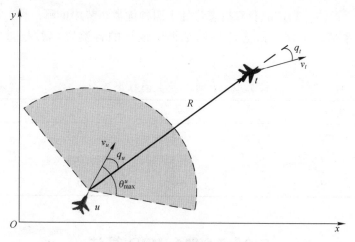

图7.3 平面内敌我机对抗模型

$$r_H = \begin{cases} 1, & \Delta H_{\text{down}} \leq \Delta H \leq \Delta H_{\text{up}} \\ -1, & \text{其他} \end{cases} \tag{7.3}$$

式中：ΔH 为 UCAV 与目标的相对高度；ΔH_{down} 为理想高度差的下限；ΔH_{up} 为理想高度差的上限。根据武器性能，合理设置 ΔH_{down} 与 ΔH_{up}，可达到控制双方高度差，发挥武器作战性能的目的。

4. 胜负奖励函数

空战胜负判定主要分为3种情况：飞行高度过低导致坠毁；态势占据劣势，被敌机击中，失败；占据态势优势满足导弹发射条件，空战胜利。

胜负回报奖励函数设计如下：

$$r_{\text{end}} = \begin{cases} 100, & \text{空战胜利} \\ -100, & \text{坠毁} \\ -50, & \text{失败} \end{cases} \tag{7.4}$$

式中：下标 end 为 UCAV 胜负判定结果，end 可以表示为

$$\text{end} = \begin{cases} \text{win}, & |q_t| \geq \dfrac{\pi}{2} \,\&\, L_{\min}^u \leq R \leq L_{\max}^u, \quad \Delta H_{\text{down}} \leq \Delta H \leq \Delta H_{\text{up}} \\ \text{loss}, & \text{其他} \end{cases} \tag{7.5}$$

5. 单步综合奖励设计

空战中需要综合考虑角度、距离、高度对空战态势的影响，即在空战中设置每一步的综合奖励是十分重要的。综合奖励的设计是将角度、距离、高度等因素设置权重值并与胜负奖励函数相加计算单步综合奖励。具体设计如下：

$$r_{\text{total}} = W_1 r_A + W_2 r_R + W_3 r_H + r_{\text{end}} \tag{7.6}$$

式中：W_1、W_2、W_3 分别为角度、距离、高度奖励对应的权重系数，其值在不同态势下自适应变化。

6. 权重因子构建

各奖励函数的权重系数对单步综合奖励值以及学习结果有着举足轻重的影响。本章的双方态势评估模型采取文献[134]中的贝叶斯推理方法，通过两机相对距离及角度

对空战态势进行评估,判定敌我双机态势处于四种优劣态势中的哪一种,再依据专家系统法得到权值系数。根据空战态势评估结果所设计的各奖励函数权重系数见表 7.1 所示。

表 7.1 不同态势下的权重系数

攻击状态	ω_1	ω_2	ω_3
$q_u > \theta_{max}^u$	0.5	0.2	0.3
$q_u \leqslant \theta_{max}^u, R \notin [L_{min}^u, L_{max}^u]$	0.3	0.5	0.2
$q_u \leqslant \theta_{max}^u, R \in [L_{min}^u, L_{max}^u]$	0.2	0.3	0.5

7.2 LSTM-PPO 算法

7.2.1 深度强化学习

传统强化学习一般采取表格形式得到在不同状态下的状态值函数及动作值函数,但是在面对维度较高的状态空间时,传统强化学习方法很难求解得到表格中对应的值函数,因此难以进行后续的决策。深度强化学习将强化学习强大的决策能力优势与深度学习强大的环境感知能力优势结合起来,解决了传统强化学习在面对高维状态空间时无法进行决策的问题。深度强化学习框架如图 7.4 所示。

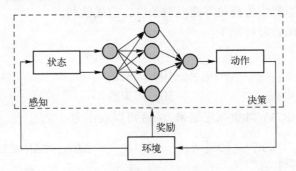

图 7.4 深度强化学习框架

7.2.2 PPO 算法

PPO 算法是由学者 Schulman 于近年来推出的一种深度强化学习算法。它是在策略梯度算法的基础上以演员-评论家(Actor-Critic, AC)算法为架构演化而来的,可以应用在连续的状态和动作空间中[140]。PPO 算法在收集样本阶段,策略网络 1 首先根据输入状态 s_t 输出动作的概率分布,然后根据概率分布选择动作 a_t 重新作用于环境,得到奖励值 r_t,将 (s_t, a_t, r_t) 作为一条经验放入经验池 Buffer 中,当存够 N 条经验时,将 N 条经验输入给价值网络,价值网络分别输出 N 个时刻的估计值函数,最后根据式(7.7)计算出每一时刻的优势函数 $\hat{A}_t$:

$$\hat{A}_t = r_t + \gamma r_{t+1} + \ldots + \gamma^{T-t+1} r_{T-1} + \gamma^{T-t} V(s_T) - V(s_t) \tag{7.7}$$

式中：γ 为折扣因子；V 为状态值函数。随后利用计算出的 N 个优势函数 $\hat{A}_t$ 及 N 条存储经验再对策略网络 1 的参数 θ 进行 T 次优化，每一次优化后将策略网络 1 中的参数 θ 复制给策略网络 2 中的参数 θ'。策略网络 1 的目标函数如式（7.8）所示：

$$J_{PPO(\theta)} = \hat{E}_t [\min(r_t(\theta)\hat{A}_t, \text{clip}(r_t(\theta), 1-\varepsilon, 1+\varepsilon)\hat{A}_t)] \tag{7.8}$$

式中：$r_t(\theta)$ 为新旧策略的比值；$\hat{A}_t$ 为每一步的优势函数；clip 与 ε 分别为截断函数与截断常数，通过将新旧策略的比值限制在 $1-\varepsilon$ 与 $1+\varepsilon$ 之间来增强训练效果，避免策略出现突变。

由此可看出，PPO 算法和其他基于深度强化学习算法相比优势如下：①将新旧策略的更新步长限制在一个合理区间上，让其策略变化不要太剧烈，这样就解决了策略梯度算法无法解决的步长难以选择的问题；②PPO 算法的参数更新方式能够保证其策略一直上升即在训练过程中值函数单调不减；③利用两种不同策略网络来离线更新策略，这样更新完的数据才不会被浪费，可以做到多次使用收集到的数据。PPO 算法框架如图 7.5 所示。

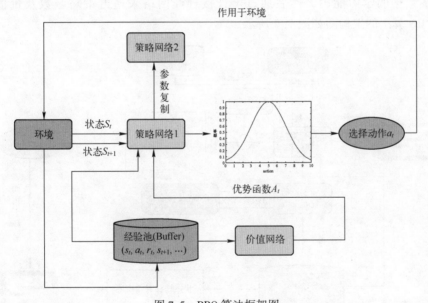

图 7.5　PPO 算法框架图

7.2.3　OU 随机噪声

在训练过程中，对于平衡算法的探索能力和开发能力是至关重要的，探索的目的在于寻找到更优的策略。作为引入的随机噪声，OU 噪声在时序上具备较高斯噪声更好的相关性，能够较好地探索具备动量属性的环境，同时在进一步提升动作决策随机性的同时可以更好地约束探索的区间，减少超出阈值机动的产生。如图 7.6 所示为基于 OU 随机噪声探索策略的示意图。OU 噪声的微分方程形式如下：

$$dx_t = -\theta(x_t - \mu)dt + \sigma dW_t \tag{7.9}$$

式中：x_t 为状态；W_t 为维纳过程；θ、μ、σ 均为参数。

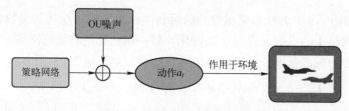

图 7.6　基于 OU 噪声探索策略

7.2.4　LSTM-PPO 算法设计

为了增强 PPO 算法的探索性，本章通过在输出动作上加入 OU 随机噪声来提升 UCAV 对未知状态空间的探索能力。又因为空战环境具有高动态、高维度的博弈性和复杂性，因此单纯采用 PPO 算法中的全连接神经网络来逼近策略函数和价值函数已无法满足其复杂性的需求。本章的策略网络及价值网络均使用第 2 章的 LSTM 网络架构，首先通过引入 LSTM 网络用来从高维空战态势中提取特征，输出有用的感知信息，增强对序列样本数据的学习能力，然后通过全连接神经网络来逼近策略函数及价值函数。LSTM-PPO 算法的架构图如图 7.7 所示。

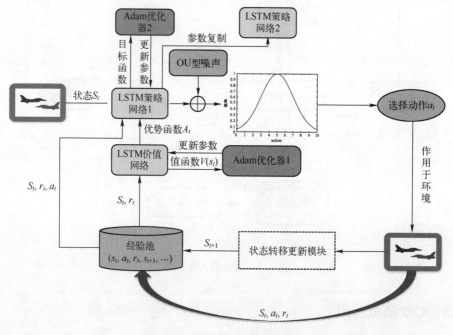

图 7.7　LSTM-PPO 算法架构图

1. 策略网络设计

针对策略网络部分，输入层设置 12 个节点，$s=[x,y,z,v,\gamma,\psi,x_e,y_e,z_e,v_e,\gamma_e,\psi_e]$ 对应 UCAV 和敌机的 12 个状态量，其中 (x,y,z) 为 UCAV 的坐标，v 为 UCAV 的速度，γ、ψ 分别为 UCAV 的航迹倾角及偏航角，(x_e,y_e,z_e) 为敌机的坐标，v_e 为敌机的速度，γ_e、

ψ_e 分别为敌机的航迹倾角及偏航角；隐层分别设置 LSTM 网络层及全连接层，LSTM 网络层设置三个网络单元，全连接层设计为两层，均采用 Tanh 为激活函数；输出层有三个节点，分别对应 UCAV 滚转角变化量 $\Delta\mu_t$、攻角变化量 $\Delta\alpha_t$ 及油门系数变化量 $\Delta\delta_t$，采用 Softmax 为激活函数。策略网络结构如图 7.8 所示。

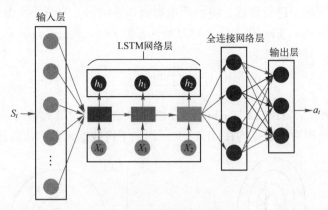

图 7.8 策略网络结构图

2. 价值网络设计

针对价值网络部分，输入层设置了 15 个节点，对应 UCAV 和敌机的 12 个状态量 $s = [x, y, z, v, \gamma, \psi, x_e, y_e, z_e, v_e, \gamma_e, \psi_e]$ 及当前策略网络生成的控制量变化量 $a_t = [\Delta\delta_t, \Delta\alpha_t, \Delta\mu_t]$ 的合并；隐层中的 LSTM 网络层设置三个网络单元，全连接层设计为三层，均采用 Tanh 为激活函数；输出层设置一个节点，对应着状态值函数，采用 Linear 为激活函数。价值网络结构如图 7.9 所示。

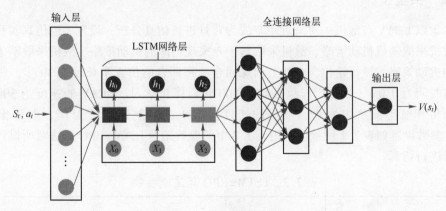

图 7.9 价值网络结构图

7.3 仿真实验

7.3.1 实验数据处理

对数据进行归一化处理是仿真实验中一项基础的工作。物理意义不同的数据往往具有不同量纲单位。图7.10代表数据归一化前与归一化后损失函数等高线。从图中很容易看出，数据归一化前损失函数等高线为类椭圆形状，此时梯度下降过程十分曲折，最终会影响收敛结果。而数据归一化后损失函数等高线为类圆形形状，最优解的寻优过程明显变得平缓，此时更容易正确收敛到最优解。因此如果将未经归一化处理的状态量作为输入送入神经网络中进行训练，将会严重影响训练结果。为消除状态量之间量纲的影响，本章采用Min-Max归一化方法，对原始状态量 $s=[x,y,z,v,\gamma,\psi,x_e,y_e,z_e,v_e,\gamma_e,\psi_e]$ 进行归一化处理，具体公式为

$$x' = \frac{x-\min(x)}{\max(x)-\min(x)} \tag{7.10}$$

式中：x 为原始数据；$\max(x)$ 与 $\min(x)$ 分别为原始数据的最大值与最小值。经Min-Max归一化方法处理后的数据均在 $[0,1]$ 上，达到了将数据无量纲化的目的。

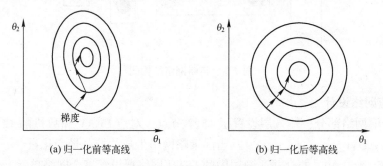

图7.10 损失函数等高线

7.3.2 实验设计

本章以UCAV与敌机一对一近距空战为背景进行仿真分析，设置3组仿真实验，分别为敌机采取随机机动策略、敌机采取基于专家规则库的机动策略、敌机采取基于优化算法的机动策略。设每轮包含200个训练回合，每回合的仿真步长设为30步，每一步的决策时间为0.05s，UCAV与敌机对抗900轮后停止学习。UCAV的速度为300m/s，航迹倾角和航迹偏角均为0°，敌机的速度为250m/s，航迹倾角为0°，航迹偏角为180°。参数设置如表7.2所示，利用表7.2中的参数结合LSTM-PPO算法对所设计的空战场景进行仿真。

表7.2 LSTM-PPO算法超参数

参　　数	值
策略网络学习率 A_LR	0.0001
价值网络学习率 C_LR	0.0002
批量大小 Batch	32
最大回合数 EP_MAX	1000
每回合最大步数 EP_LEN	200
折扣因子 Gamma	0.9
动作更新步数 A_UPDATE_STEPS	10
价值更新步数 C_UPDATE_STEPS	10

7.3.3 仿真结果分析

1. 实验1：敌机采取随机机动策略

在敌机采取随机机动策略的仿真实验中，针对敌机选择缓慢向上爬升的随机机动动作，UCAV首先平飞，再通过缓慢爬升接近敌机，形成后半球攻击态势并使敌机进入我机导弹攻击区，进而取得空战胜利。图7.11为UCAV与敌机空战对抗轨迹图。

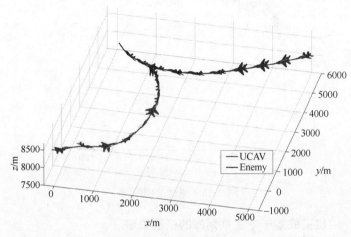

图 7.11 空战对抗轨迹图

图7.12为空战过程中UCAV各项奖励函数变化曲线。从图中可知，UCAV角度奖励函数值一直最大，说明UCAV一直占据角度优势，但由于距离远且高度低无法满足导弹发射条件。在15s时，UCAV通过缓慢爬升获取了高度优势。最终在20s时，敌机进入UCAV导弹攻击区范围，此时包括距离奖励函数在内的各项奖励函数均达到最大值，UCAV优先满足导弹发射条件，取得空战胜利。

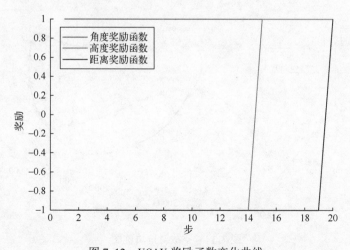

图 7.12 UCAV奖励函数变化曲线

图7.13为反映两机对抗相对优势的累计奖励曲线，横坐标每轮包含200个训练回合，纵坐标为200个训练回合所获得累计奖励的平均值。从图中可以看出，训练初期由

于 UCAV 学习不到任何有效策略导致坠毁或被敌机击落，使得累计奖励不断减少，到了训练中期由于我机能够保持平飞避免了训练前期坠毁的情况，因此累计奖励值逐步增大，最终在约 400 轮的训练下能够学习到有效的机动动作，形成后半球攻击态势，此时累计奖励值收敛。

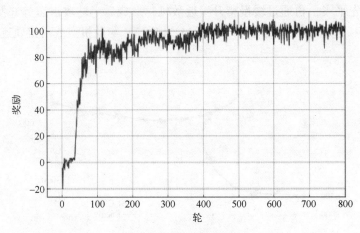

图 7.13　累计奖励曲线

2. 实验 2：敌机采取基于专家规则库的机动策略

在敌机采取文献［61］中基于专家规则库机动策略的仿真实验中，针对敌机采取迂回盘旋机动动作，我方 UCAV 首先通过缓慢爬升接近敌机再采取突然俯冲机动跟随敌机，当敌机采取左转缓慢俯冲动作欲完成逃逸时，UCAV 通过小过载爬升机动形成后半球攻击态势，并使敌机进入我机导弹攻击区进而取得空战胜利。图 7.14 为该场景下的空战对抗轨迹图。

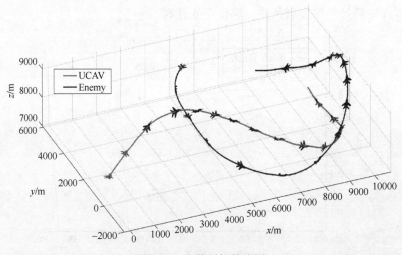

图 7.14　空战对抗轨迹图

图 7.15 为此次空战过程中 UCAV 各项奖励函数变化曲线。由图可知，由于空战初期敌机角度占优，且两机距离远，UCAV 高度低，因此各项奖励函数值均为 -1。在后续决策步数中，角度奖励函数与高度奖励函数一直起伏波动，说明空战任务的复杂性较之

第 7 章 基于深度强化学习的离线机动决策学习方法

于敌机采取随机机动要高。UCAV 先通过缓慢爬升机动再缓慢俯冲来获取高度优势,接着通过小过载爬升来接近敌机并调整合适的角度,使得在 49s 时,各项奖励函数值均达到最大,此时满足空战胜利条件,取得空战胜利。

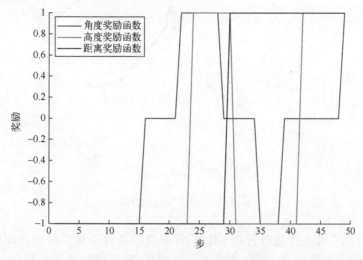

图 7.15　UCAV 奖励函数变化曲线

图 7.16 为累计奖励曲线,从图中可以看出,初始阶段由于我机对环境认知不足,学习不到较好策略导致出现高惩罚值行为,之后通过训练逐步掌握了能够尾后跟随敌机的策略。最终在约 600 轮的训练下策略不再大幅变化,此时奖励值收敛。

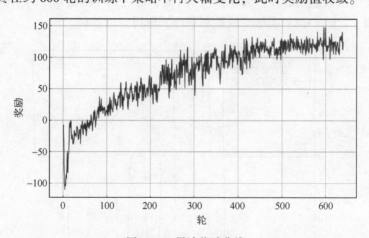

图 7.16　累计奖励曲线

3. 实验 3:敌机采取基于优化算法的机动策略

在敌机采取文献 [33] 中基于优化算法机动策略的仿真实验中,由于敌机具有一定的策略,因此对抗博弈程度较之于敌机采取随机机动剧烈很多。开始由于 UCAV 高度处于劣势,因此敌机欲采取筋斗机动完成逃逸,此时 UCAV 交替执行平飞与爬升机动接近敌机并与敌机抢占高度优势。当敌机抵达最高点开始向下俯冲,UCAV 完成爬升获得高度优势后,UCAV 随即跟随敌机进行俯冲从而在获得后半球角度优势的情况下达到武器发射条件,最终取得空战胜利。图 7.17 为该场景下的空战对抗轨迹图。

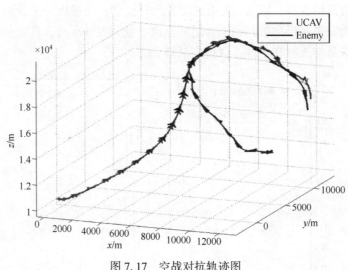

图 7.17　空战对抗轨迹图

图 7.18 显示了此次空战过程中 UCAV 各项奖励函数变化曲线。从图中可以看出，前 36s 由于敌机进入角较小，因此奖励值一直为 0，在后续的决策步数中，角度奖励函数值一直起伏波动，说明对抗博弈程度十分剧烈。在第 31s 时，敌机进入 UCAV 导弹攻击区范围，此时距离奖励函数为最大，说明 UCAV 采取缓慢爬升机动是有效的。在第 48s 时，由于敌机开始俯冲，且之后 UCAV 俯冲程度较敌机更为缓慢，UCAV 获取高度优势，高度奖励函数达到最大。最终在第 98s 时，通过俯冲阶段角度的调整各项奖励函数均达最大值，此时 UCAV 满足空战胜利条件，取得空战胜利。

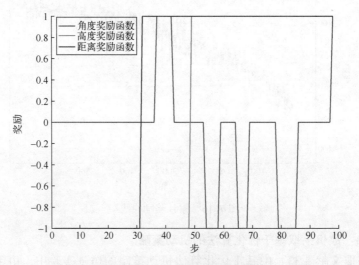

图 7.18　UCAV 奖励函数变化曲线

图 7.19 为累计奖励曲线，从曲线变化趋势可以看出由于敌机飞行具有一定的策略，因此收敛速度比较慢且奖励值曲线波动较为剧烈，体现出了空战任务的复杂性，在大约 720 轮的训练下累计奖励值收敛，完成学习。

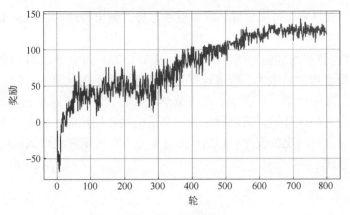

图 7.19　累计奖励曲线

7.3.4　算法对比分析

将 PPO 算法和 LSTM-PPO 算法设置相同的超参数,并使用相同的空战环境,经过 900 轮训练后选取前 800 轮进行测试。以平均奖励值、收敛时间、空战获胜概率作为衡量两种算法性能的重要指标,进行两种算法在实验 1 和实验 2 下的对比分析。表 7.3 为实验 1 下两种算法性能的对比,表 7.4 为实验 2 下两种算法性能的对比。从表 7.3 和表 7.4 中可以看出,在两组仿真实验下,LSTM-PPO 算法平均奖励值和获胜概率均大于 PPO 算法,收敛速度 LSTM-PPO 算法快于 PPO 算法。

表 7.3　实验 1 算法性能的对比

算　　法	平均奖励值	收敛时间	获胜概率
PPO	19.82	约 450 轮	0.816
LSTM-PPO	24.87	约 400 轮	0.887

表 7.4　实验 2 算法性能的对比

算　　法	平均奖励值	收敛时间	获胜概率
PPO	20.68	约 700 轮	0.803
LSTM-PPO	26.82	约 600 轮	0.876

7.4　本 章 小 结

由于空战环境复杂、格斗态势高速变化,本章针对现有机动决策方法中存在的不足,提出了基于深度强化学习的离线机动决策学习方法。通过设计敌机采取随机机动策略、敌机基于专家规则库的机动策略、敌机基于优化算法的机动策略三组仿真实验,并将本章提出的方法与 PPO 算法作性能对比,得出以下结论:

(1) 不论敌机是采取随机机动策略、基于专家规则库的机动策略还是基于优化算法的机动策略，UCAV均可以很好地感知空战态势，做出合理的机动动作，进而取得空战胜利。

（2）与PPO算法作性能对比可以发现，基于LSTM-PPO算法的UCAV空战机动决策方法具有获得平均奖励值大、收敛速度快、获胜概率高的优点。

虽然基于深度强化学习的离线机动决策学习方法较之于其他方法有着更高的智能化水平，但是当面对陌生环境，策略网络没有合适的动作输出时，将会带来很大的失败风险。因此为应对这种情况的发生，UCAV需具备另一套无须离线训练就可以在线进行决策的实时决策系统。

参 考 文 献

[1] 戴大伟, 龙海英. 无人机发展与应用 [J]. 指挥信息系统与技术, 2013, 4 (4): 7-10.
[2] 杨润洲. UCAV 对地轨迹协同任务分配与航迹规划方法研究 [D]. 南京: 南京航空航天大学, 2016.
[3] 孙楚. 基于强化学习的无人机自主机动决策方法研究 [D]. 西安: 空军工程大学, 2017.
[4] 汪浩, 薛鹏. 国外无人作战飞机发展与启示 [J]. 飞航导弹, 2020 (09): 22-27.
[5] 厉博. 国外无人作战飞机发展回顾与趋向分析 [J]. 飞航导弹, 2019 (10): 43-48.
[6] 易辰. 从俄乌冲突看 TB2 无人机的性能和运用 [J]. 轻兵器, 2022 (6): 34-39.
[7] 崔勇平, 邢清华. 从俄乌战争看无人机对野战防空的挑战和启示 [J]. 航天电子对抗, 2022, 38 (4): 1-3.
[8] DoD U S. Unmanned systems integrated roadmap: FY2017-2042 [R]. Washington, DC: DoD US, 2018.
[9] 裴云, 王斌. 机载火控雷达在中远距空战中的抗干扰方法 [J]. 航天电子对抗, 2010, 26 (2): 39-41.
[10] Slattery R, Zhao Y. Trajectory synthesis for air traffic automation [J]. Journal of Guidance, Controland Dynamics, 1997, 20 (2): 232-238.
[11] Schuster W, Trajectory prediction for future air traffic managementcomplex manoeuvresand taxiing [J]. The Aeronautical Journal, 2015, 199 (1212): 121-143.
[12] Thipphavong D P, Schultz C A, Lee A G, et al. Adaptive algorithm to improve trajectory prediction accuracy of climbing aircraft [J]. Journal of Guidance, Control, and Dynamics, 2013, 36 (1): 15-24.
[13] Alligier R, Gianazza D, Durand N. Learning the aircraft mass and thrust to improve the ground-based trajectory prediction of climbing flights [J]. Transportation Research Part C: Emerging Technologies, 2013, 36: 45-60.
[14] Sun J, Ellerbroek J, Hoekstra J M. WRAP: An open-source kinematic aircraft performance model [J]. Transportation Research Part C: Emerging Technologies, 2019, 98: 118-138.
[15] Chatterji G. Short-term trajectory prediction methods [C] //Guidance, Navigation, and Control Conference and Exhibit, 1999: 4233.
[16] Lymperopoulos I, Lygeros J. Sequential Monte Carlo methods for multi-aircraft trajectory prediction in air traffic management [J]. International Journal of Adaptive Control and Signal Processing, 2010, 24 (10): 830-849.
[17] Lin Y, Zhang J, Liu H. Analgorithm for trajectory prediction of flight plan based on relative motion between positions [J]. Frontiers of Information Technology & Electronic Engineering, 2018, 19 (7): 905-916.
[18] You L, Xiao S, Peng Q, et al. ST-Seq2Seq: A spatio-temporal feature-optimized Seq2Seq model for short-term vessel trajectory prediction [J]. IEEE Access, 2020, 8: 218565-218574.
[19] 王新, 杨任农, 左家亮, 等. 基于 HPSO-TPFENN 的目标机轨迹预测 [J]. 西北工业大学学报, 2019, 37 (3): 612-620.

[20] Wu Z J, Tian S, Ma L. A 4D trajectory prediction model based on the BP neural network [J]. Journal of Intelligent Systems, 2020, 29 (1): 1545-1557.

[21] 谢磊, 丁达理, 魏政磊, 等. AdaBoost-PSO-LSTM 网络实时预测机动轨迹 [J]. 系统工程与电子技术, 2021, 43 (6): 1651-1658.

[22] 张宏鹏, 黄长强, 轩永波, 等. 用门控循环单元实时预测空战飞行轨迹 [J]. 系统工程与电子技术, 2020, 42 (11): 2546-2552.

[23] Zhao Z, Zeng W, Quan Z, et al. Aircraft trajectory prediction using deep long short-term memory networks [C]. Proceedings of the CICTP, 2019.

[24] Sahadevan D, Ponnusamy P, Gopi V P, et al. Ground-based 4D trajectory prediction using bi-directional LSTM networks [J]. Applied Intelligence, 2022, 4 (20): 40-41.

[25] 梅丹, 刘锦涛, 高丽. 基于近似动态规划与零和博弈的空战机动决策 [J]. 兵工自动化, 2017, 36 (3): 35-39.

[26] 李世豪, 丁勇, 高振龙. 基于直觉模糊博弈的无人机空战机动决策 [J]. 系统工程与电子技术, 2019, 41 (5): 1063-1070.

[27] 马文, 李辉, 王壮, 等. 基于深度随机博弈的近距空战机动决策 [J]. 系统工程与电子技术, 2021, 43 (2): 443-451.

[28] 李伟. 基于微分对策理论的无人战机空战决策方法研究 [J]. 北京航空航天大学学报, 2019, 45 (4): 722-734.

[29] 曹晋华. 可靠性数学引论 [M]. 北京: 高等教育出版社, 2012.

[30] Lee B Y, Han S, Park H J, et al. One-Versus-One air-to-air combat maneuver generation based on the differential game [C]. Proceedings of the 2016 Congress of the International Council of the Aeronautical Sciences. 2016: 1-7.

[31] 邓可, 彭宣淇, 周德云. 基于矩阵对策与遗传算法的无人机空战决策 [J]. 火力与指挥控制, 2019, 44 (12): 61-66.

[32] 张涛, 于雷, 周中良, 等. 基于混合算法的空战机动决策 [J]. 系统工程与电子技术, 2013, 35 (7): 1445-1450.

[33] 高阳阳, 余敏建, 韩其松, 等. 基于改进共生生物搜索算法的空战机动决策 [J]. 北京航空航天大学学报, 2019, 45 (3): 429-436.

[34] 贾英杰, 魏政磊, 赵俊杰, 等. 基于改进磷虾算法的 UCAV 机动决策方法 [C]. 第五届中国航空科学技术大会论文集, 2021: 754-761.

[35] 谭目来, 丁达理, 谢磊, 等. 基于模糊专家系统与 IDE 算法的 UCAV 逃逸机动决策 [J]. 系统工程与电子技术, 2022, 44 (6): 1984-1993.

[36] Geng W, Ma D. Study on tactical decision of UAV medium-range air combat [C]. The 26th Chinese Control and Decision Conference (2014 CCDC). IEEE, 2014: 135-139.

[37] 丁达理, 王杰, 董康生, 等. 基于 RBF 网络的 UCAV 战术机动轨迹快速生成方法 [J]. 系统工程与电子技术, 2019, 41 (1): 96-104.

[38] 张宏鹏, 黄长强, 轩永波, 等. 基于深度神经网络的无人作战飞机自主空战机动决策 [J]. 兵工学报, 2020, 41 (8): 1613-1622.

[39] 李永丰, 史静平, 章卫国, 等. 深度强化学习的无人作战飞机空战机动决策 [J]. 哈尔滨工业大学学报, 2021, 53 (12): 33-41.

[40] Zhang Y S, Zu W, Gao Y, et al. Research on autonomous maneuveringdecision of UCAV based on deep reinforcement learning [C]. 2018 Chinese Control and Decision Conference (CCDC), Shenyang, China: IEEE, 2018: 230-235.

[41] 陈辛, 张俊宝. 空战模式演变与隐身空战形态发展分析 [J]. 航空兵器, 2022, 29 (3): 1-7.

[42] Zhou Y, Tang Y, Zhao X. A novel uncertainty management approach for air combat situation assessment based on improved belief entropy [J]. Entropy, 2019, 21 (5): 495.

[43] Tang A D, Han T, Zhou H, et al. An improved equilibrium optimizer with application inunmanned aerial vehicle path planning [J]. Sensors, 2021, 21 (5): 1814.

[44] Jiang W, Ren Y, Liu Y, et al. A method of radar target detection based on convolutional neural network [J]. Neural Computing and Applications, 2021, 33 (16): 9835-9847.

[45] Hu D, Yang R, ZuoJ, et al. Application of deep reinforcement learning in maneuver planning of beyond-visual-range air combat [J]. IEEE Access, 2021, 9: 32282-32297.

[46] Piao H, Sun Z, Meng G, et al. Beyond-visual-range air combat tactics auto-generation by reinforcement learning [C]. 2020 International Joint Conference on Neural Networks (IJCNN). IEEE, 2020: 1-8.

[47] Li W, Shi J, Wu Y, et al. Amulti-UCAV cooperative occupation method based on weapon engagement zones for beyond-visual-range air combat [J]. Defence Technology, 2022, 18 (6): 1006-1022.

[48] Lu H, Wu B, Chen J. Fighter equipment contribution evaluation based on maneuver decision [J]. IEEE Access, 2021, 9: 132241-132254.

[49] Yang Z, Zhou D, Piao H, et al. Evasive maneuver strategy for UCAV in beyond-visual-range air combat based on hierarchical multi-objective evolutionary algorithm [J]. IEEE Access, 2020, 8: 46605-46623.

[50] Joseph W. Herrmann. Air-to-air missile engagement analysis using the USAF trajectory analysis program (TRAP) [C]. AIAA Flight Simulation Technologies Conference, San Diego, CA: AIAA, 1996: 148-158.

[51] Brain Michael Birkmire. Air-to-Air missile maximum launch range modeling using a mulitilayer perceptron [C]. AIAA Modeling and Simulation Technologies Conference, Minneapolis, Minnesota: AIAA, 2012: 1-10.

[52] 李枭扬, 周德云, 冯琦, 等. 基于遗传规划的空空导弹攻击区拟合 [J]. 弹箭与制导学报, 2015.6, 35 (3): 16-18, 22.

[53] 刁兴华, 方洋旺, 伍友利, 等. 双机编队空空导弹协同发射区模拟仿真分析 [J]. 北京航空航天大学学报, 2014, 40 (3): 370-376.

[54] Meng G L, Pan H B, Liang X, et al. Allowable missile launch zone calculation for multi-fighter coordination attack under network targeting environment [C]. 2016 28th Chinese Control and Decision Conference (CCDC), Yinchuan: IEEE, 2016: 2143-2146.

[55] 吴胜亮, 南英. 空空导弹射后动态可发射区计算 [J]. 弹箭与制导学报, 2013, 33 (5): 49-54.

[56] Hui Y L, Nan Y, Chen S D, et al. Dynamic allowable lunch envelope of air-to-air missile after being launched in random wind field [J]. Chinese Journal of Aeronautics, 2015, 28 (5): 1519-1528.

[57] 柳嘉润, 钟友武, 张磊. 自主空战决策的试探机动方法及仿真研究 [J]. 系统仿真学报, 2008, 20 (5): 1238-1242.

[58] Fred A, Giro C, Michael F. Automated maneuvering decisions for air to air combat [R]. Reston: AIAA, 1987: 659-669.

[59] Tsung-Ying Sun, Shang-Jeng Tsai, Yan-Nian Lee. The study on intelligent advanced fighter air combat decision support system [C]. IEEE International Conference on Information Reuse&Integration, 2006: 39-44.

[60] 唐传林. 无人作战飞机自主空战决策相关问题研究 [D]. 西安: 空军工程大学, 2015.

[61] 傅莉,谢福怀,孟光磊,等. 基于滚动时域的无人机空战决策专家系统[J]. 北京航空航天大学学报,2015,41(11):1994-1999.

[62] Huang C Q, Dong K S, Huang H Q, et al. Autonomous air combat maneuver decision using Bayesian inference and moving horizon optimization[J]. Journal of Systems Engineering and Electronics, 2018, 29(1): 86-97.

[63] Brunke L, Greeff M, Hall A W, et al. Safe learning in robotics: From learning-based control to safe reinforcement learning[J]. Annual Review of Control, Robotics, and Autonomous Systems, 2022, 5: 411-444.

[64] 赵冬斌,邵坤,朱圆恒,等. 深度强化学习综述:兼论计算机围棋的发展[J]. 控制理论与应用,2016,33(6):701-717.

[65] D. Silver, J. Schrittwieser, K. Simonyan, et al. Mastering the game of Go without human knowledge [J]. Nature, 2017, 550(7676): 354-359.

[66] Silver D, Hubert T, Schrittwieser J, et al. Mastering chess and shogi by self-play with a general reinforcement learning algorithm[J]. arXiv preprint arXiv: 1712.01815, 2017.

[67] Liu Q, Zhai J W, Zhang Z Z, et al. A survey on deep reinforcement learning[J]. Chinese Journal of Computers, 2018, 41(1): 1-27.

[68] Mnih V, Kavukcuoglu K, Silver D, et al. Playing Atari with deep reinforcement learning[J]. Computer Science, 2013.

[69] Lillicrap T P, Hunt J J, Pritzel A, et al. Continuous control with deep reinforcement learning[J]. Computer Science, 2016, 8(6): A187.

[70] Schulman J, Levine S, Abbeel P, et al. Trust region policy optimization[C]//International Conferenceon Machine Learning. PMLR, 2015: 1889-1897.

[71] Mnih V, BadiaAP, Mirza M, et al. Asynchronous methods for deep reinforcement learning[C]//International Conference on Machine Learning. PMLR, 2016: 1928-1937.

[72] 赵思宏. 航空兵战术基础[M]. 北京:航空工业出版社,2019.

[73] Zhang Y, Chen J, Shen L. Real-time trajectory planning for UCAV air-to-surface attack using inverse dynamics optimization method and receding horizon control[J]. Chinese Journal of Aeronautics, 2013, 26(4): 1038-1056.

[74] Kontogiannis S G, Ekaterinaris J A. Design, performance evaluation and optimization of a UAV[J]. Aerospace Science & Technology, 2013, 29(1): 339-350.

[75] Storm Shadow UCAV performance[EB/OL]. http://www.aerospaceweb.org/design/ucav/main.shtml.

[76] Xu T, Wang Y, Kang C. Tailings saturation line prediction based on genetic algorithm and BP neural network[J]. Journal of Intelligent & Fuzzy Systems, 2016, 30(4): 1947-1955.

[77] Zhao Z, Xu Q, Jia M. Improved shuffled frog leaping algorithm-based BP neural network and its application in bearing early fault diagnosis[J]. Neural Computing & Applications, 2016, 27(2): 375-385.

[78] Lin Y C, ChenD D, Chen M S, et al. A precise BP neural network-based online model predictive control strategy for die forging hydraulic press machine[J]. Neural Computing & Applications, 2016: 1-12.

[79] Wang H, Wang Y, Wen-Long K E. An intrusion detection method based on spark and BP neural network[J]. Computer Knowledge & Technology, 2017, 16: 85-87.

[80] Lin Y F, Deng H M, Shi X Y. Application of BP neural network based on newly improved particle

swarm optimization algorithm in fitting nonlinear function［J］. Computer Science, 2017, S2：97-99.

［81］ 王辉, 林德福, 祁载康, 等. 时变最优的增强型比例导引及其脱靶量解析值［J］. 红外与激光工程：2013, 42（3）：692-698.

［82］ Virtanen K, Raivio T. Modeling pilot's sequential maneuvering decisions by a multistage influence diagram［J］. Journal of Guidance, Control, and Dynamics, 2004, 27（4）：665-677.

［83］ Austin F, Carbone G, Hinz H, et al. Game theory for automated maneuvering during air-to-air combat［J］. Journalof Guidance, Control, and Dynamics, 1990, 13（6）：1143-1149.

［84］ 李伟, 王志刚, 蒋奇英. 一种瞬时圆周加速度制导律设计［J］. 飞行力学, 2012, 30（3）：272-275.

［85］ 董康生. 无人作战飞机自主空战智能机动决策建模与仿真研究［D］. 西安：空军工程大学, 2018.

［86］ 王杰, 丁达理, 许明, 等. 基于目标逃逸机动预估的空空导弹可发射区［J］. 北京航空航天大学学报, 2019, 45（4）：722.

［87］ 黄长强, 丁达理, 黄汉桥, 等. 无人作战飞机自主攻击技术［M］. 北京：国防工业出版社, 2014.

［88］ 黄家成, 张迎春, 罗继勋. 空空导弹发射区的快速模拟法求解［J］. 弹箭与制导学报, 2003, 23（4）：132-134.

［89］ 张肇蓉, 高贺, 张曦, 等. 国外红外制导空空导弹的研究现状及其关键技术［J］. 飞航导弹：2016, 3：23-27, 32.

［90］ Vieira D A G, Takahashi R H C, Saldanha R R. Multicriteria optimization with a multiobjective golden section line search［J］. Mathematical Programming, 2012, 131（1-2）：131-161.

［91］ 张平, 方洋旺, 金冲, 等. 空空导弹发射区实时解算的新方法［J］. 弹道学报, 2010, 22（4）：11-14.

［92］ Juna A, Umer M, Sadiq S, et al. Water quality prediction using KNN imputer and multilayer perceptron［J］. Water, 2022, 14（17）：2592.

［93］ 刘迎军. 基于单步和多步模型的钱塘江南源流域水质预测［D］. 武汉：武汉大学, 2021.

［94］ Sighencea B I, Stanciu R I, Căleanu C D. A review of deep learning-based methods for pedestrian trajectory prediction［J］. Sensors, 2021, 21（22）：7543.

［95］ Srivastava N, Hinton G, Krizhevsky A, et al. Dropout：A simple way to prevent neural networks from overfitting［J］. The Journal of Machine Learning Research, 2014, 15（1）：1929-1958.

［96］ Yang Y, Mingyu Z, Qingwei F, et al. AnnoFly：Annotating drosophila embryonic images based on an attention-enhanced RNN model［J］. Bioinformatics, 2019, 35（16）：2834-2842.

［97］ Son G Y, Kwon S, Park N. Gender Classification Based on The Non-Lexical Cues of Emergency Calls with Recurrent Neural Networks（RNN）［J］. Symmetry, 2019, 11（4）：525-539.

［98］ Wang P, Wang H, Zhang H, et al. A hybrid Markov and LSTM model for indoor location prediction［J］. IEEE Access, 2019, 7：185928-185940.

［99］ Jiang Q, Tang C, Chen C, et al. Stock price forecast based on LSTM neural network［C］. Proceedings of the 12th International Conference on Management Science and Engineering Management, 2019, 393-408.

［100］ Siami-Namini S, Tavakoli N, Namin A S. The performance of LSTM and BiLSTM in forecasting time series［C］. 2019 IEEE International Conference on Big Data（BigData）. IEEE, 2019：3285-3292.

［101］ Makwe A, Rathore A S. Evolution in computational intelligence［M］. Singapore：Springer, 2021.

［102］ Wu J, Chen X Y, Zhang H, et al. Hyperparameter optimization for machine learning models based on Bayesian optimization［J］. Journal of Electronic Science and Technology, 2019, 17（1）：26-40.

[103] Victoria A H, Maragatham G. Automatic tuning of hyperparameters using Bayesian optimization [J]. Evolving Systems, 2021, 12 (1): 217-223.

[104] Qiao L, Wang Z, Zhu J. Application of improved GRNN model to predict interlamellar spacing and mechanical properties of hypereutectoid steel [J]. Materials Science and Engineering: A, 2020, 792: 139845.

[105] Dong Y Q, Ai K L. Trial input method and own-aircraft state prediction in autonomous air combat [J]. Journal of Aircraft, 2012, 49 (3): 947-954.

[106] 国海峰, 侯满义, 张庆杰, 等. 基于统计学原理的无人作战飞机鲁棒机动决策 [J]. 兵工学报, 2017, 38 (1): 160-167.

[107] 黄长强, 黄汉桥, 王铀, 等. 复杂不确定环境下UCAV自主攻击轨迹优化设计 [J]. 西北工业大学学报, 2013, (3): 331-338.

[108] Karelahti J, Virtanen K, Raivio T. Near-optimal missile avoidance trajectories via receding horizon control [J]. Journal of Guidance, Control, and Dynamics. 2007, 30 (5): 128-129.

[109] 黄长强, 刘鹤鸣, 黄汉桥, 等. 不确定条件下无人作战飞机在线攻击轨迹决策 [J]. 系统工程与电子技术, 2014, 36 (8): 1558-1565.

[110] 王光伦. 高超声速飞行器再入段预测校正制导研究 [D]. 哈尔滨: 哈尔滨工业大学, 2009.

[111] Paul W. Three-Dimensional aircraftterrainfollowing via real-time optimal control [J]. IEEE Journal of Guidance, Control, and Dynamics, 2007, 30 (4): 1201-1205.

[112] Virtanen K, Raivio T, Hamalainen R P. Decision theoretical approach to pilot simulation [J]. Journal of Aircraft, 1999, 36 (4): 632-641.

[113] Virtanen K, Karelahti J, Raivio T. Modeling air combat by a moving horizon influence diagram game [J]. Journal of Guidance, Control, and Dynamics, 2006, 29 (5): 1080-1091.

[114] 肖亮, 黄俊, 徐钟书. 基于空域划分的超视距空战态势威胁评估 [J]. 北京航空航天大学学报, 2013, 39 (10): 1309-1313.

[115] Perelman A, Shima T. Cooperative differential games strategies for active aircraft protection from a homing missile [J]. Journal of Guidance, Control, And Dynamics, 2011, 34 (3): 761-773.

[116] 樊会涛, 崔颢, 天光. 空空导弹70年发展综述 [J]. 航空兵器, 2016, (1): 3-12.

[117] 吴文海, 张楠, 周思羽, 等. 基于航炮的近距空战仿真结果判定方法 [J]. 飞行力学, 2012, 30 (6): 569-573.

[118] 何旭, 景小宁, 冯超. 基于蒙特卡洛树搜索方法的空战机动决策 [J]. 空军工程大学学报, 2017, 18 (5): 36-41.

[119] Yuan W, Huang C Q, Tang C L. Research on unmanned combat aerial vehicle robust maneuvering decision under incomplete target information [J]. Advances in Mechanical Engineering, 2016, 8 (10): 1-12.

[120] 黄长强, 赵克新, 韩邦杰, 等. 一种近似动态规划的无人机机动决策方法 [J]. 电子与信息学报: 2018, 10 (40): 2447-2452.

[121] 夏博远, 赵青松, 张骁雄, 等. 基于动态能力需求的鲁棒武器系统组合决策 [J]. 系统工程与电子技术, 2017, 39 (6): 1280-1286.

[122] 苑帅, 罗继勋, 付昭旺. 战斗机空战威胁特性建模与仿真分析 [J]. 火力与指挥控制, 2014, 39 (1): 13-17.

[123] 赵思宏, 李望希. 航空兵战术基础 [M]. 北京: 航空工业出版社, 2019.

[124] 丁鹭飞, 耿富录. 雷达原理 [M]. 3版. 西安: 西安电子科技大学出版社, 2014.

[125] Echard J D. Estimation of radar detection and false alarm probability [J]. IEEE Transactions on Aero-

space and Electronic Systems, 1991, 27 (2): 255-260.

[126] Sharma P, Sarma K K, Mastorakis N E. Artificial intelligence aided electronic warfare systems-recent trends and evolving applications [J]. IEEE Access, 2020, 8: 224761-224780.

[127] Mertens M, Koch W, Kirubarajan T. Exploiting Doppler blind zone information for ground moving target tracking with bistatic airborne radar [J]. IEEE Transactions on Aerospace and Electronic Systems, 2014, 50 (1): 130-148.

[128] Persson B, Norsell M. Conservative RCS models for tactical simulation [J]. IEEE Antennas and Propagation Magazine, 2015, 57 (1): 217-223.

[129] Cooper K B, Durden S L, Cochrane C J, et al. Using FMCW Doppler radar to detect targets up to the maximum unambiguous range [J]. IEEE Geoscience and Remote Sensing Letters, 2017, 14 (3): 339-343.

[130] Hayashi S, Saho K, Isobe D, et al. Pedestrian detection in blind area and motion classification based on rush-out risk using micro-doppler radar [J]. Sensors, 2021, 21 (10): 3388.

[131] 蒲小勃, 缪炜星. 超视距空战中机载雷达的使用策略研究 [J]. 电光与控制, 2012, 19 (6): 1-4.

[132] 姜龙亭, 寇雅楠, 王栋, 等. 动态变权重的近距空战态势评估方法 [J]. 电光与控制, 2019, 26 (4): 1-5.

[133] 李望西, 黄长强, 王勇, 等. 三维空间空战态势评估角度优势建模与仿真 [J]. 电光与控制, 2012, 19 (2): 21-25.

[134] 徐安, 陈星, 李战武, 等. 基于战术攻击区的超视距空战态势评估方法 [J]. 火力与指挥控制, 2020, 45 (9): 97-102.

[135] 吴文海, 周思羽, 高丽, 等. 基于导弹攻击区的超视距空战态势评估改进 [J]. 系统工程与电子技术, 2011, 33 (12): 2679-2685.

[136] 罗元强, 孟光磊. 基于马尔可夫网络的无人机机动决策方法研究 [J]. 系统仿真学报, 2017, 29 (S1): 106-112.

[137] Grauer J A, Morelli E A. A generic nonlinear aerodynamic model for aircraft [C]. AIAA Atmospheric Flight Mechanics Conference, 2014: 0542.

[138] Tan M, Tang A, Ding D, et al. Autonomous Air combat maneuvering decision method of UCAV based on LSHADE-TSO-MPC under enemy trajectory prediction [J]. Electronics, 2022, 11 (20): 3383.

[139] 赖俊, 饶瑞. 深度强化学习在室内无人机目标搜索中的应用 [J]. 计算机工程与应用, 2020, 56 (17): 156-160.

[140] 肖竹. Fast-PPO: 快速近端策略优化算法 [D]. 成都: 电子科技大学, 2020.